杰克·福斯特

CARTIER
TIME ART

MECHANICS OF PASSION

SKIRA

内容

卡地亚时间艺术：制表工艺的热情

杰克·福斯特

本次展览的钟表展现了卡地亚品牌一百六十多年来突破创新的成果，与现今的高级制表系列，以及近期的革命性技术创新杰作 *Cartier ID One* 概念表。该展览亦彰显了卡地亚自二十世纪初期制作腕表的悠久传统，同时展示出品牌制造时钟、怀表和其它钟表的非凡技艺。这不仅是历史传承，更是卡地亚不可或缺的重要象征。自1853年售出第一款腕表以来，卡地亚不断制作多款不同形状、设计和复杂功能的钟表，见证其在高级钟表领域上秉持的装饰、美学和技术造诣。

高级制表系列在卡地亚制表历史中占据重要地位，历年来推出无数匠心独具的腕表，秉承源于二十世纪初期的设计哲学，并一直沿用至今。卡地亚设计哲学的独特之处在于制作各款不同的钟表作品时，均采纳连贯统一的设计方针。综观卡地亚不同变化和组合的设计，钟表哲学始终如一，使其设计一望而知。

"卡地亚时间艺术：制表工艺的热情"展览是有史以来卡地亚最大规模的公开钟表展，让大家有机会亲身体验多元融和的设计。本次展出的逾400件古董钟表均来自卡地亚典藏系列，其中近150件展品属品牌最重要的设计，而卡地亚技术、历史、和美学传承之典范神秘钟首次以独立系列的形式亮相。此外，现今的高级制表系列也以其非凡的视觉效果和精密复杂的工艺呈现出品牌保存至今的精神，如 *Astrorégulateur* 天体恒定重心装置腕表、*Astrotourbillon* 天体运转式陀飞轮腕表和中央区显示计时功能码表。卡地亚的设计传统源于装饰派艺术时期形成的简洁几何图形，并在18世纪亚洲艺术、埃及建筑、动物肖像、以及1960年代波普艺术的影响下不断发展，由此可见卡地亚不仅反映出不同时期的流行元素和钟表设计风格，更是当中的领导者，带领今天的高级制表系列继续昂首发展。

此外，卡地亚在不断开创各种风格的同时，更维持着统一的最高技术水平。卡地亚的古董和现代钟表均搭配各项重要的复杂功能，例如技术要求极高的神秘钟、经典或创新的报时机制，以至天文和日历时计等。此次展览带来高级制表系列和多件重要古董珍藏，不论是1926年"Marine Repeater"腕表运用的船钟报时，或是高级制表系列中的 *Calibre de Cartier* 多时区腕表，均反映出卡地亚打造别致、新颖、实用钟表的创意巧思。

卡地亚机械钟表之所以能展现恒久的演绎，不仅是其精湛设计与高超技艺的成果，更是两者相辅相成、协调融和的演绎。机械钟表的迷人之处除了体现于设计当中，其内部蕴藏的生命力，更彷佛与我们的生活息息相关。正因机械钟表的设计及其流露的神秘生命力相互融合，将卡地亚制表工艺的热情发挥得淋漓尽致。

高级制表的艺术工艺

卡地亚腕表工作坊

卡地亚腕表工作坊位处拉夏德芳（La Chaux-de-Fonds）地区，是卡地亚时计设计和制作的中心，拥有最先进的技术和设备。占地逾30,000平方米的工作坊，不仅涵盖卡地亚的设计和制作能力，同时也设有修复部门，为品牌出产过的所有腕表提供维修或修复服务。工作坊内聚集了超过170种制表工艺和部门，其中包括机芯原型制作、腕表制作、质量监控及客户服务部、表链及表壳制造设备，以及修复部门。

卡地亚腕表工作坊于2005年首度推行"卡地亚制造"（Made in Cartier）计划，以此建立并加强工作坊内各部门的沟通。根据此项计划设立的组织架构，能够确保每件时计作品在设计开发的各阶段中，都可汲取不同专业部门的意见。因此，每件全新创作的卡地亚时计，均为卡地亚的工程、机芯原型制作、设计、客户服务和质量监控等团队通力合作的成果，在制作出极致精准可靠的腕表同时，更彰显及延续了卡地亚的美学传统。

卡地亚腕表工作坊地处纳沙泰尔（Neuchâtel）区内的拉夏德芳（La Chaux-de-Fonds），是瑞士制表业的腹地。

凭借卓越的制表技术以及对瑞士制表工艺的传承，卡地亚隆重呈献高级制表系列，每款腕表均搭载卡地亚腕表工作坊精制机芯。

卡地亚腕表工作坊雇有一千多名技师，工作地点位于两大瑞士制表业的核心地带：纳沙泰尔区内的拉夏德芳和日内瓦行政区内的梅兰（Meyrin）。

卡地亚腕表工作坊囊括各个制表工序，包括机芯设计和研发、腕表制作、装饰、组装、调校及最后的检测。

卡地亚腕表工作坊结合了最尖端的技术和传统工艺。

卡地亚机芯设计

机芯设计是卡地亚时计制作的核心，也是耗时绵长的一道工序。机芯设计的目标不仅要求功能上无可挑剔，更需要成为承载腕表设计的基石，使腕表的机械性能与美学设计得以完美结合。一枚高级制表系列机芯的诞生，首先来源于一种独特的美学理念，进而决定了腕表机芯的基本功能。机芯设计的第一阶段，是创作机芯的手绘草图，让设计师能深入评估腕表的整体效果，并能从设计早期开始审视新机芯创作中的难题。随后，设计团队将根据草图制作3D计算机虚拟原型图。这些模型非常细致，不仅能够评估机芯的静态性能，亦能模拟各个部件之间的功能关联性。最后，团队会制作实体模型，从功能和美学设计角度作进一步测试，继而开始制作真正的机芯原型。

在机芯开发的每个阶段中，会根据人体工学测试、设计团队美学修饰，以及其它质量监控程序所得出的结果，对机芯设计进行不断改进和测试。机芯设计的成果反映出卡地亚腕表工作坊长年累月的经验以及在每一步设计过程中坚持不懈的理念——机械性能和美学设计的完美结合。

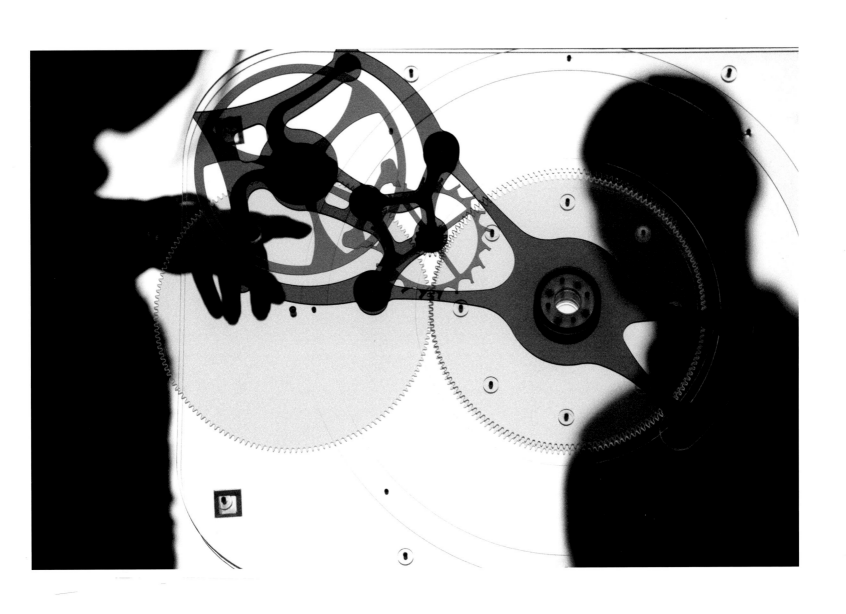

负责将每件腕表作品的平面图制成3D绘图。

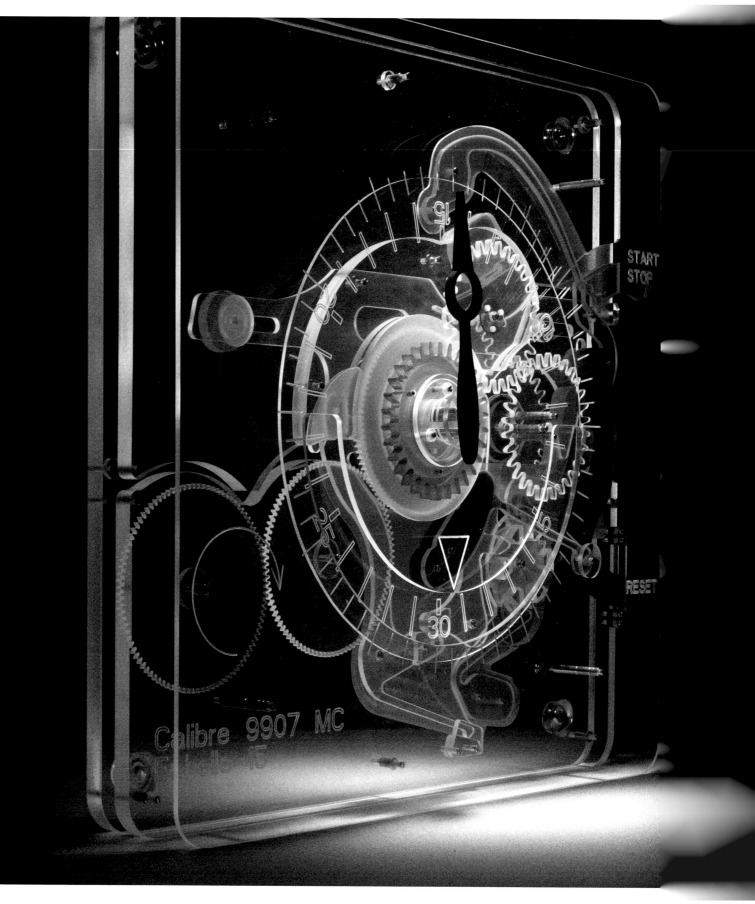

制作大型的实体模型以校验整枚机芯的功能。

技师为镂空机芯的表桥进行手工打磨倒角及修饰。

镂空机芯的表桥由一整块材料制作而成。

机芯装饰

机芯装饰是印证高级制表并非纯技术工艺的一个重要因素。机芯装饰或机芯表面修饰均可进一步提升机芯的美感。尽管机芯装饰有时被视为非功能性的工序，但事实上纯功能与纯修饰两个范畴存在不少共通之处，而机芯修饰更是技术和工艺的延伸，使腕表至臻完美。

尽管制表业和制表技师均有着不少共通的装饰手法，但其中不乏民族特色，因而在悠久的制表历史中出现了众多的机芯修饰手法。法瑞风格（Franco-Swiss style）的机芯装饰便是最为鉴赏家所熟悉的一种。其中采用的技术包括机芯夹板倒角（*anglage*）、精钢部件镜面抛光、用于嵌入螺钉孔和宝石轴承的锥形钻孔，以及平行打磨的日内瓦波纹（*Côtes de Genève*）等。各项装饰工艺的结合，打造更为精致的外观，并彰显出机芯的非凡品质。

装饰过程费时较长，且每项技术均为独立的工艺，需要长时间训练方能完全掌握。机芯的装饰通常需要在低功耗双目显微镜下进行，且每道机芯修饰工序亦可再细分成多个步骤，体现出装饰技师的超凡技艺及个人风格。

腕表学校通常并不教授机芯夹板和桥板的倒角工艺，但卡地亚品牌内部提供装饰培训课程却在不断发展并传承这项工艺及其它高级制表的修饰技艺。技师先以锉刀打造出机芯桥板两侧的正确角度，再以抛光石去除表面所留下的工具痕迹。接着采用更细致的研磨材料打磨桥板两侧，逐步呈现光滑的镜面效果。最后采用精钢抛光器进行抛光，再以金刚石研磨膏进行打磨。每一枚卡地亚机芯桥板均需进行数道修饰工序，包括为宝石轴承制作抛光的锥形钻孔、机芯两侧倒角打磨、

使用磨光器进行手工打磨。

卡地亚机芯内，表桥的可见表面均饰有
日内瓦波纹（*Côtes de Genève*），所有
隐藏位置，如主夹板，都以环形打磨。

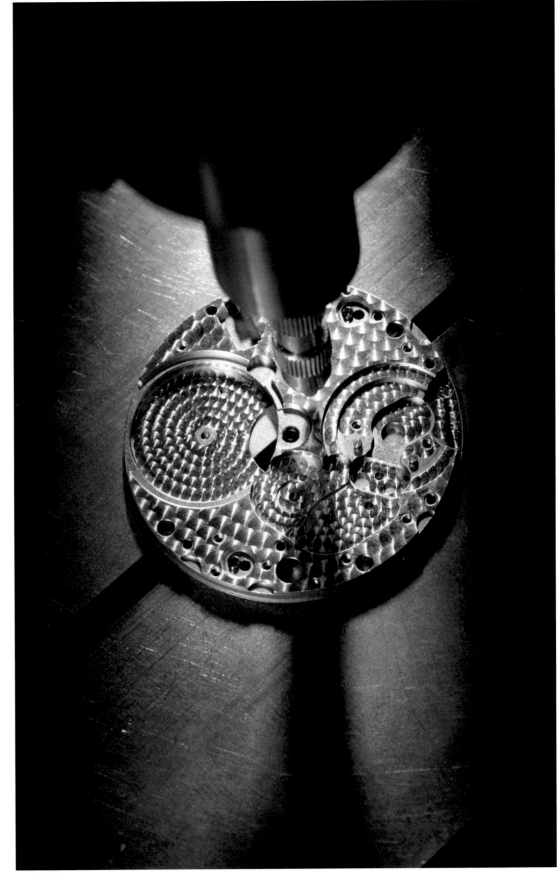

上层表面饰以日内瓦波纹，以及底部饰以圆形饰纹。手工制作的机芯中，每一个零件的修饰均需耗费数小时的精工细作。因此每一枚机芯不仅是工艺制作的杰作，更见证着这种罕见装饰艺术的传承。

为打造出呈现完美对比度和光泽度的零件，装饰技师为单一零件进行修饰的时间即可能长达15小时。

运用磨光器倒角打磨表桥，在不影响抛光倒角的前提下轻轻锉磨边缘，而一些零件的表面则需镜面抛光。

装饰技师进行各项精巧细致的修饰工序。

制表大师

制表技师负责组装腕表的零件，并确保其稳定走时及精准可靠。然而，机械腕表的组装不仅要求精湛的手工技艺，更需要清楚了解腕表内数百个部件的功能、相互关系，以及每个部件的机械运作。

腕表组装是以正确的顺序装嵌不同零件，确保功能运作正确无误，对高级制表作品而言，更需要谨慎操作。精心修饰的机芯组装时必须小心翼翼，以免损坏部件或破坏表面修饰。机芯组装完成后，各部件的妥善润滑，也需要娴熟的技艺。腕表各零件所承受的机械负荷不尽相同，因此所需的润滑程度亦有所差异。润滑油不足可能使部件易于磨损，而过多则可能淤塞其它部件而影响运作。

制作每款腕表均需迎接不同的技术挑战。以制作超薄腕表为例，表内装置零部件的空间十分有限，指针的间隙亦非常狭窄，因此在组装和调校时必须精确无误。同样，制作复杂功能腕表亦有相当的难度。例如被视为制作最艰巨的复杂腕表——三问腕表，它实质上是一部微型机械计算机，能够确保极复杂的报时轮系与计时轮系完全一致，从而令表盘上显示的时间，与小时、刻钟和分钟报时准确配合。万年历的运作则依仗一系列的发条，这些发条必须准确上链，以推动万年历的齿轮运作。同时亦需避免施加过多力度，而干扰万年历的正常运作。制作计时码表时，制表技师需要调校连接计时码表和主要运转轮系的机械装置，使码表可从主发条中获取动力，而不会从擒纵机构机构中撷取过多能量。陀飞轮是另一款最难组装的腕表；技师需要确保陀飞轮框架和所有部件的准确平衡，以免因质量分布不均而影响计时。

制表大师独立组装数以百计的零件，
为腕表倾注生命力。

工程师和原型制作人员合力创造蕴藏无穷潜力的腕表，而制表技师则负责组装或检修腕表，以确保设计功能得以充份发挥。卡地亚内部一直设有广泛的培训课程，以满足工作坊内采用的每一枚机芯的特定需求。除组装或检修复杂机芯所需的技术外，对于某些全新表款，例如 *Rotonde de Cartier Astrotourbillon* 天体运转式陀飞轮腕表、*Astrorégulateur* 天体恒定重心装置腕表或中央区显示计时功能码表等作品，亦需要大量腕表学校标准课程以外的培训。

*Astrotourbillon*天体运转式陀飞轮机芯的组装和调试工序非常精细，需运用独特的技术工艺方能完成。

机芯镶嵌宝石轴承的步骤。

每枚机芯均经过细心调校，以确保计时功能准确无误。

质量监控

质量监控同时是卡地亚腕表工作坊研发及制作过程的组成部分。在腕表开发的各阶段，所有部件均需要经过全面测试，以确保符合其功能标准、耐用标准及从人体工程学角度而言的适用标准。卡地亚腕表工作坊明确了腕表质量监控的四大标准：美学、人体工程学、计时学及整合度。在研发过程中，腕表需接受近150项不同的鉴定测试和检测步骤，从而一一评估腕表的各部件以及整体的协调运作。

抗震性能可同时通过简单方式及高科技方式进行测试，包括瞬间产生高达5000克力量的坠落试验，以及借助复杂的多轴机械人模拟日常生活中腕表可能承受的各种外力，如拳头撞击桌面的冲击力等。每个与腕表客户存在互动的部件，均通过人体工程学测试，例如度量启动计时码表按钮所需的力量，以确保开始、掣停及重设的安全运作，并确保按钮操作具有理想的触感。

运用特制的高速数码照相机（每秒拍摄多达33,000帧照片），可记录并分析擒纵机构的运作、重设计时码表指针时产生的震动，以及其它重要部件的高速运转。此外，长期运行测试可评估计时性能和上链系统的最佳效率，并检测出各种长期佩戴可能出现的问题。表壳、表链及表带亦需经过测试。表带和表链将接受扭力、张力及磨损测试；表壳和合金表链可运用光谱法进行成分分析，而硬度则可通过高压金刚石尖压方式进行测试。

表壳密封性通过一系列的防水、磨损及腐蚀试验进行测试。腕表工作坊运用特制仪器检测防水封条内氦原子的流动（若封条或垫圈受损，直径较短的氦原子比其它

进行模拟手臂摆动测试，以确保自动上
链机械机芯发条的上链功能可正常运作。

物质更容易渗漏），从而测试防水腕表垫圈是否密封。此外，腕表亦会进行不同的抗腐蚀性测试，包括盐水、碱性和酸性物质，以及特别配制的人工汗液测试。

随质量监控过程的不断推进，所得到的信息亦有助腕表开发并确定腕表的最终设计。每款卡地亚腕表均别具一格，但同时亦是卡地亚秉持最高制表准则的非凡成果。

在拉夏德芳的卡地亚腕表工作坊内，每枚腕表均需在质量测试实验室内经过严格检验。

防水测试第二阶段：将腕表置于热金属板上，并于表镜上滴一滴冷水。如出现水气，腕表的防水功能便可能存在问题。

防水测试第一阶段：将钟表浸入10厘米深的水中一小时。

保养和修复

卡地亚腕表工作坊的一项最重要的资产是拥有众多维修和修复时计作品的设施，为已停产的卡地亚时计作品提供服务。作为少数坚持维修所有曾出产时计作品的品牌之一，卡地亚一直保留所需的设备和技术，以确保外观及功能均能够得以修复。

自1853年售出首批时计作品以来，卡地亚不断创作各式各样的表款，展现出非凡的装饰技艺及高度专业的制表技术。卡地亚有能力维修及修复每枚卡地亚时计的表壳、表链或其它机芯部件。从19世纪中叶起，卡地亚腕表采用过各种不胜枚举的表面材质——玻璃、矿物水晶、各种塑料，以及近乎所有形状的合成蓝宝石。在许多情况下，替换零件已经不存在，因此如有需要，卡地亚将会为其任何一款时计作品重新制作所需的工具，以打造新的玻璃或水晶表镜。

卡地亚亦具有制作各类机芯部件的能力。不论是体积细小的长方形女款腕表机芯，或是复杂的大型时钟机芯，修复部门的制表技师均有能力进行修复。

不仅机芯部件，表链、表扣及表壳部件亦可进行修复或再造（卡地亚致力满足客户的要求，确保在不影响功能的情况下，尽量保持各部件的原始状态），或在有需要时更换严重损坏的部件，并换上外观和功能完全相符的全新部件。此外，宝石、内嵌珍贵物料的部件、雕刻部分或珐琅制品等受损或遗失的珍贵物料，亦可进行修复。

修复部门的主要工作是在有需要的情况下，保养并维修卡地亚典藏系列的钟表作品。

*Tank à guichets*腕表（1928年，卡地亚巴黎）及*Tortue*单钮计时码表（1929年，卡地亚纽约）

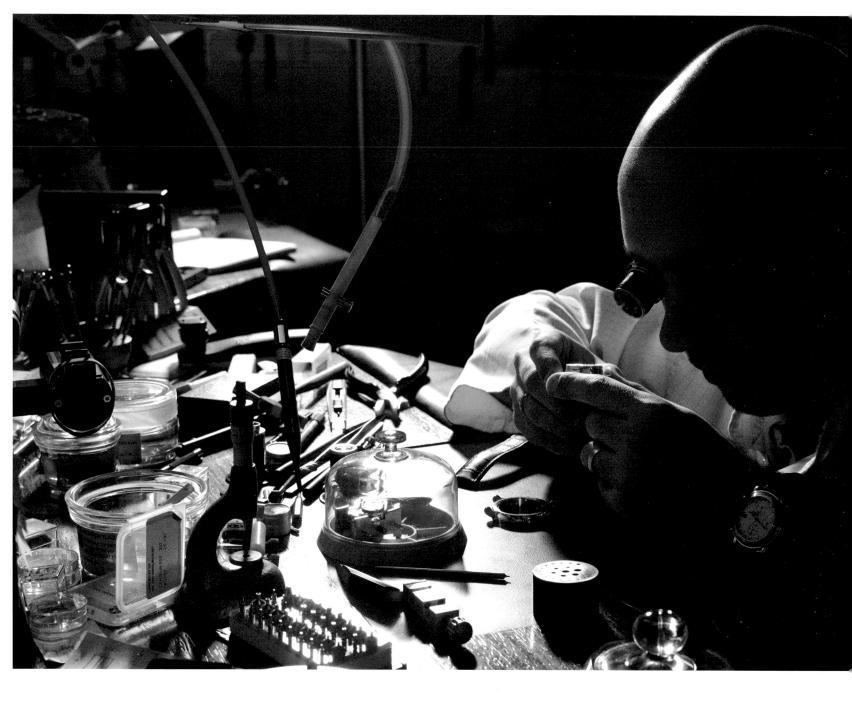

在拉夏德芳的卡地亚腕表工作坊内，
一些早期型号的卡地亚腕表得以修复。

要修复早期型号的腕表，有时甚至需要
重新制作某些零件和工具。

日内瓦优质印记

"日内瓦优质印记"的官方印章。

卡地亚于2008年宣布*Ballon Bleu de Cartier*浮动式陀飞轮9452 MC型机芯首度获得日内瓦优质印记。日内瓦优质印记遵循1886年订立的《日内瓦法则》（*Loi sur le contrôle facultatif des montres*），并由与日内瓦腕表学校（Geneva Watchmaking School）合作的独立检查机构镌刻于钟表机芯之上。

按照法律规定，来自日内瓦腕表学校负责《日内瓦法则》的工作人员在没有利益冲突的情况下，获准对日内瓦市内或州内生产的机芯颁发日内瓦优质印记，而这些机芯的结构和修饰均需达到一定的质量水平。由此可见，日内瓦优质印记同时是原产地和质量的保证，在历史上一直仅授予高级制表工作坊。日内瓦优质印记的评估准则，均与功能和装饰质量相关。例如，理想的擒纵轮必须属低惯性，避免能量流失，以保证擒纵机构的最佳运作。因此，日内瓦优质印记章程便规定擒纵轮必须保持轻巧，大型机芯的擒纵轮厚度不得超过0.16毫米；直径18毫米以下机芯的擒纵轮厚度不得超过0.13毫米，表面应经过抛光打磨处理。此外，所有螺丝必须经过打磨或圆形抛光处理，边角经过倒角处理；对齿轮装饰亦有特定的要求；严禁于机芯使用价低质劣的钢丝发条，并要求机芯采用价格更高昂的回火钢发条制作。

卡地亚腕表成功荣膺日内瓦优质印记，不仅见证其卓越功能及精致修饰，同时也是品牌非凡品质的象征，见证品牌源远流长的制表传统，并彰显其在机芯制作方面的精湛技艺与坚毅决心。

卡地亚自2008年起跻身于极少数能荣获
"日内瓦优质印记"的制表品牌之列。

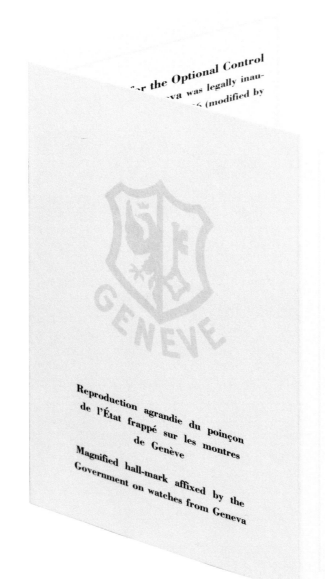

for the Optional Control
...eva was legally inau-
... (modified by

Reproduction agrandie du poinçon
de l'État frappé sur les montres
de Genève

Magnified hall-mark affixed by the
Government on watches from Geneva

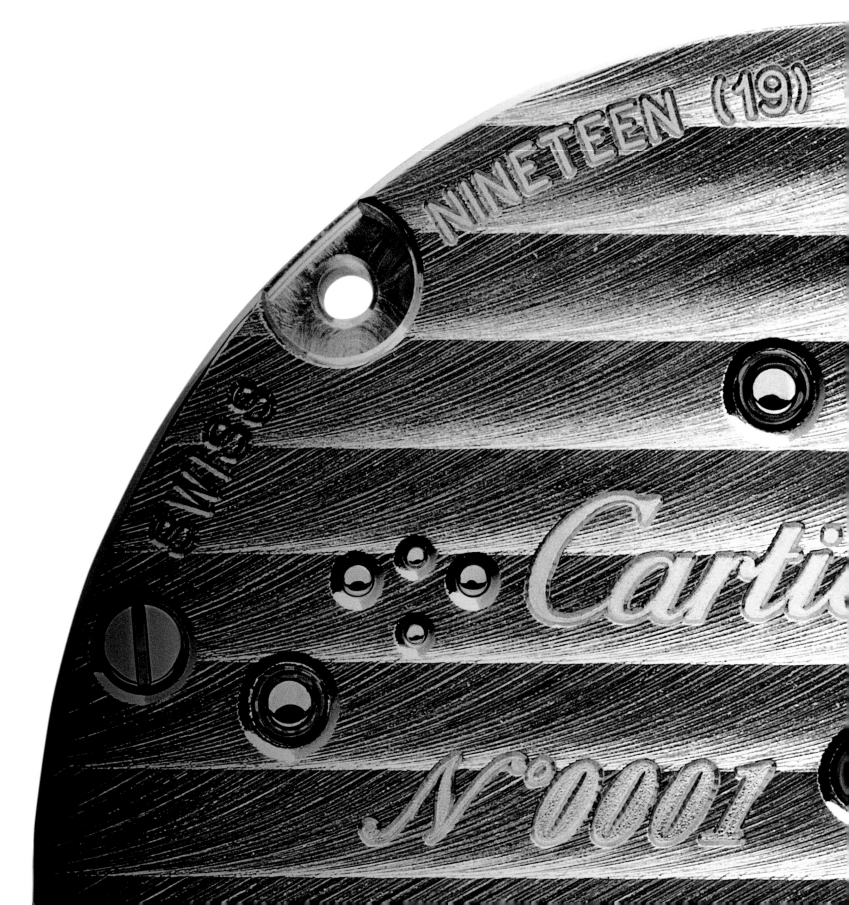

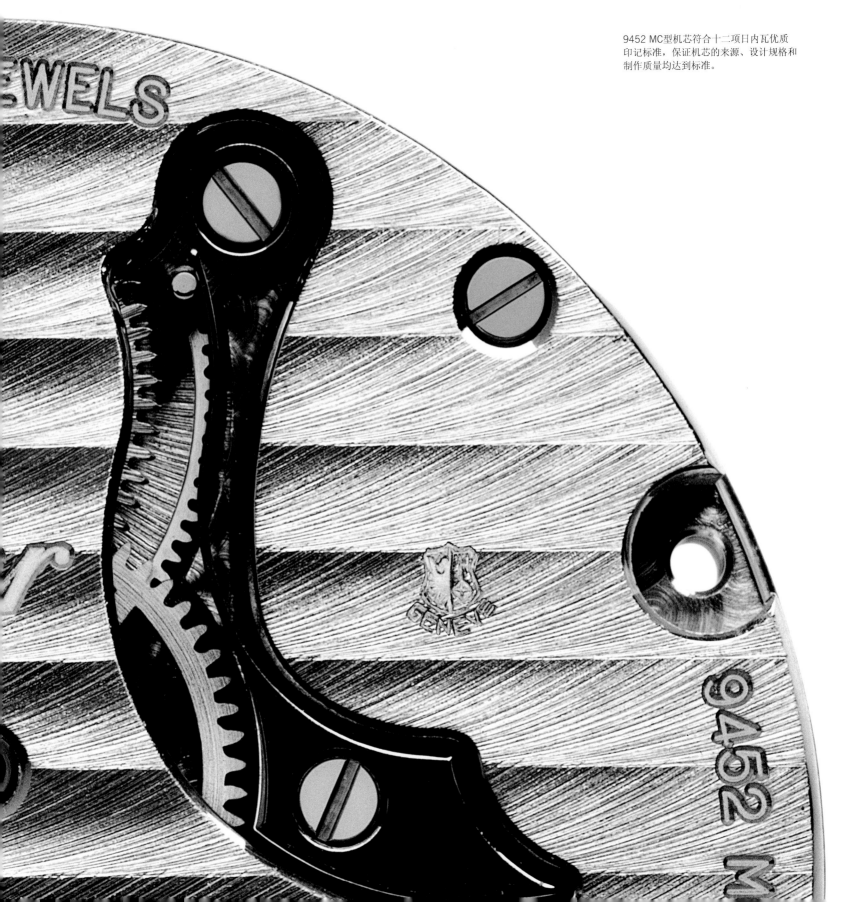

9452 MC型机芯符合十二项目内瓦优质
印记标准，保证机芯的来源、设计规格和
制作质量均达到标准。

传承及卡地亚典藏系列时计

引言：卡地亚典藏系列

历经近十年的时间，卡地亚典藏系列于1983年正式面世。Robert Hocq先生（后成为卡地亚巴黎总裁）于1972年经收购卡地亚的投资集团加入公司，并于1973年购置了一座由Maurice Coüet于1923年为卡地亚制作的神秘钟（见CM 09 A23，第117页）。

此"庙门"（Portique）神秘钟的外形像一道神社大门（反映出当时流行的东方艺术和工艺），顶部饰有水晶"神像"（Billiken）。这个象征好运和正面思想能量的小雕像，在当时广受欢迎，并于1908[1]年取得专利权（纵然神像源于美国，其设计却在全球大热；1912年大阪地标性建筑通天阁顶层亦装上神像）。与此同时，卡地亚典藏系列正式面世，品牌着手收集并整理销售记录、设计图稿、石膏模型及照片等众多档案。

时至今日，卡地亚典藏系列汇集了近1400件珍品，当中包括逾400枚时计作品。整个系列包罗万象，从品牌早期的腰链表和项链表，到1960年代风格前卫的*Crash*腕表，以至今天仍是卡地亚设计哲学试金石的珍稀"神秘"钟，一一见证品牌制作钟表的重要历史。本次展览网罗典藏系列中多件重要且具历史意义的杰作，其中包括于1973年购置，及后成为卡地亚典藏最重要藏品之一的"庙门"神秘钟，和多枚腕表、怀表、手链和项链表等高级珠宝表，以及座钟、桌钟和壁炉钟，更包括了饰于画框、袖扣、笔和开信刀的时计。

现代高级制表系列集合多件经典的重要古董钟表，体现了卡地亚不同时期的设计哲学：从20世纪初路易·卡地亚（Louis Cartier）的创新，到无数历久弥新的设计，

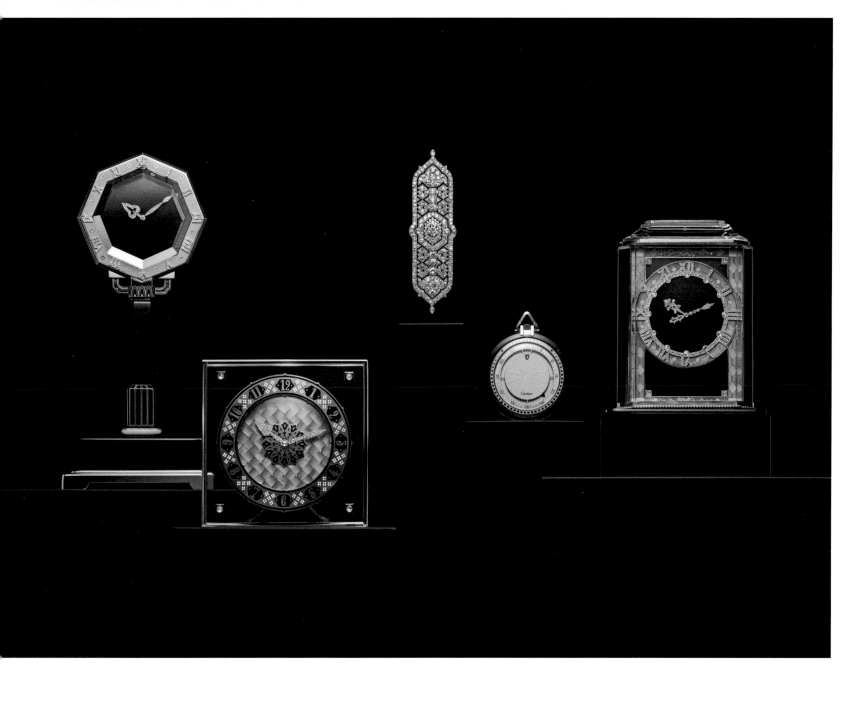

从左至右：
单轴神秘钟（1922年，卡地亚巴黎）。
支杆座钟（1925年，卡地亚纽约）。　　　跳时怀表，透明表背（1929年，卡地亚纽约）。
胸针（1913年，卡地亚巴黎）。　　　　　"Model A"神秘钟（1929年，卡地亚）。

从左至右：
透明表背怀表（1916年，卡地亚巴黎）。
昼夜"彗星"时钟（1913年，卡地亚巴黎）。
"猎豹图案"钟表胸针（1915年，卡地亚巴黎）。

取自怀表销售记录其中一页。巴黎，1874至1876年。

31 mai 74 Inventaire		30	de Genève	Homme remontoir double			1879.	30
				boite d'or uni brute (65)	280	"	" "	"
Juillet	14	31	Occasion	1 Montre ancienne Joaillerie			74 x.bre	23	31
				Jargon sous cristal	130	"	" "	"
Août	20	32	"	1 Montre Louis XVI			1875	"	32
				or de couleur ciselé	120	"	Juillet	8	"
"	25	33		1 Montre émail peint			74 x.bre	30	33
				entourage ms perles	250	"	" "	"
				tetiere émaillée			" "	"
Octobre	3	34	Occasion	1 Montre ancienne			75 Mars	27	34
				ciselée émaillée ms			" "	"
				motifs en Jargon	200	"	" "	"
"	6	35	"	1 Montre ancienne			80 mai	31	35
				or de couleur ciselé			" "	"
				à tête brillant			" "	"
				au poussoir aiguille en roses	150	"	" "	"
"	"	36		1 Montre Louis XV			1876	"	36
				plaques agathe tachonné			8.bre	11	"
				ornements ciselés	350	"	" "	"
"	"	37		1 Montre ancienne Louis XVI			75 8.bre	9	37
				ciselé fond émail peint	200	"	" "	"
X.bre	21	38		1 montre 12s reparage 13.			79		38
				10 1/2 perles à 128 – 67 rubis p. 25			x.bre	31	"
				79 roues 11/16 – CTS 11 roues 1/16 NSK	997	"	" "	"
				serti 40 écrins 15.				

直至今天，品牌仍继续迈步向前。在整个制表历程中，卡地亚运用强烈鲜明的几何形式，坚持在合适情况下将功能和美学融合为一，并于设计时加入形象和象征元素（尤见于神秘钟设计）。

首个"神像"由美国堪萨斯州的一名艺术老师Florence Pretz创作并为设计取得专利。

制作Santos和Tank表款的巴黎制表工坊。
约1927年。

环形表盘座钟
1907年，卡地亚巴黎

K金，铂金，银，镀银，珐琅，玫瑰花形
切割钻石

*8日动力储存圆形机芯，镀金，15枚宝石
轴承，瑞士杠杆式擒纵系统，双金属平衡
摆轮，宝玑摆轮游丝。蛋形钟体上半部分
能够旋转，以显示时间。星形的铂金时标
嵌饰玫瑰式切割钻石。*

售予安娜·古尔德（Anna Gould）

8.10 x 6.00 厘米

CCI 04 A07

珐琅腰链表
1874年，卡地亚巴黎

黄K金，玫瑰K金，珐琅，珍珠

圆形机芯，镀金，圆柱形擒纵系统，
单金属平衡摆轮，扁平摆轮游丝4点钟
位置设有铰链式表镜，可用于调校时间
并为腕表上链。

16.50 x 3.40 厘米

WB 24 A1874

"*Jeton*" 钟表
1908年，卡地亚巴黎

K金，蓝宝石，珐琅

LeCoultre 142圆形机芯，镀金，19枚
宝石轴承，瑞士杠杆式擒纵系统，
双金属平衡摆轮，扁平摆轮游丝。

直径5.15厘米（含凸圆形蓝宝石在内）

WPO 07 A08

Tonneau 腕表
1907年，卡地亚巴黎

铂金，K金，珍珠，单面切割钻石

LeCoultre 10HPVM圆形机芯，镀金，18枚宝石轴承，瑞士杠杆式擒纵系统，双金属平衡摆轮，扁平摆轮游丝。

2.06 x 3.06 厘米（表壳）

WCL 118 A07

叶形图案腕表
1912年，卡地亚巴黎

铂金，黄K金，玫瑰K金，玫瑰花形切割钻石，珍珠，缟玛瑙

LeCoultre 9HPVMJ圆形机芯，日内瓦波纹形装饰，镀铑，8个调校项目，18枚宝石轴承，瑞士杠杆式擒纵系统，双金属平衡摆轮，宝玑摆轮游丝。

售予奥尔洛夫王子（Princess Orlov）

2.25 x 2.25 厘米（表壳）

WWL 02 A12

"猎豹图案"腕表
1914年，卡地亚巴黎

铂金，玫瑰K金，缟玛瑙，玫瑰花形切割钻石，波纹丝绸表带

LeCoultre圆形机芯，日内瓦波纹形装饰，镀银，18枚宝石轴承，瑞士杠杆式擒纵系统，双金属平衡摆轮，扁平摆轮游丝。

这是卡地亚首次在腕表作品上运用猎豹图案。

表壳直径2.46厘米

WWL 98 A14

Santos 腕表
1916年，卡地亚巴黎

铂金，K金，蓝宝石，真皮表带

*LeCoultre 126圆形机芯，日内瓦波纹形
装饰，镀铑，8个调校项目，18枚宝石
轴承，瑞士杠杆式擒纵系统，双金属
平衡摆轮，宝玑摆轮游丝。*

3.44 x 2.47 厘米（表壳）

WCL 88 A16

怀表
1914年，卡地亚巴黎

铂金，缟玛瑙

*LeCoultre 139圆形机芯，日内瓦波纹形
装饰，镀铑，8个调校项目，18枚宝石
轴承，瑞士杠杆式擒纵系统，双金属
平衡摆轮，扁平摆轮游丝。*

4.00 x 4.00 厘米

WPO 28 A14

位于卡地亚巴黎和平街精品店内的
钟表系列展柜，约1920年。

由Maurice Coüet指导的位于巴黎拉
斐特街53号的卡地亚制表工坊。
约1927年。架上可见"埃及"时钟。
正在制作"客迈拉"神秘钟。

"埃及"自鸣钟
1927年，卡地亚巴黎

K金，镀银，珍珠母贝，红珊瑚宝石，
祖母绿，红玉髓，天青石，珐琅

8日动力储存长方形机芯，自鸣装置
（整点和刻钟），镀金，嵌珠装饰，
3个调校项目，15枚宝石轴承，标准
擒纵系统，双金属平衡摆轮，宝玑
摆轮游丝。

售予布鲁门塔尔夫人

24.00 x 15.70 x 12.70 厘米

CDB 21 A27

"客迈拉"神秘钟彩色照相底板，神秘钟
以黄金、珐琅、软玉、红珊瑚宝石、珍珠
和钻石制成，并搭载黄晶钟盘。19世纪
玛瑙客迈拉。 巴黎，1929年。

"鲤鱼"时钟，带飞返指针
1925年，卡地亚巴黎

铂金 ，K金，青玉，黑曜石，透明水晶，
珍珠母贝，珍珠，红珊瑚宝石，祖母绿，
玫瑰花形切割钻石，漆面，珐琅

*8日动力储存长方形机芯，镀金，飞返式
时针，标准擒纵系统，双金属平衡摆轮，
扁平摆轮游丝。由于时针不能整圈旋转，
因此在到达右边的六点钟位置（VI）时，
就会弹回起点，因此得名"飞返指针"。*

玉鲤来自18世纪的中国。从严格意义上
来说，这一款时钟并不是神秘钟，而是
卡地亚于1922-1931年间以动物或神话
生物为主题制作的一系列共12款时钟里的
第三款，此系列部分作品的创作灵感源自
路易十五座钟和路易十六座钟，其机芯均
搭载于动物的背部。Hans Nadelhoffer
笔下的卡地亚钟表，如"庙门"
（Portique）时钟系列，"尽管它们缺少
'法贝奇彩蛋'所蕴含的标志性意义……
但这些'神秘钟'依然会让人们为
之倾倒、着迷。在所有带有卡地亚标志的
收藏品中，它们堪称绝无仅有的旷世
之作。"如今，此系列包含四款经典
杰作："大象"时钟（见第118页）、
"鲤鱼"时钟（见第121页）、
"客迈拉"时钟以及"神像"时钟
（见第123页）。

23.00 x 23.00 x 11.00 厘米

CS 11 A25

美国演员克拉克·盖博（Clark Gable）
佩戴Tank腕表，约1950年。

鲁道夫·瓦伦蒂诺（Rudolph Valentino）
于电影《酋长的儿子》（The Son of
the Sheik）中佩戴Tank腕表。1926年。

Tank LC 腕表
1925年，卡地亚

铂金，白K金，蓝宝石，真皮表带

圆形机芯，镀铑，8个调校项目，
19枚宝石轴承，瑞士杠杆式擒纵系统，
双金属平衡摆轮，扁平摆轮游丝。

3.02 x 2.34 厘米（表壳）

WCL 125 A25

取自目录册其中一页，刊载一枚镶嵌水晶和缟玛瑙的铂金怀表，饰以玫瑰花形切割钻石为数字时标；一枚配备闹铃和皮表带的*Tortue*黄金腕表，以及一枚镶嵌长方形钻石的方型女式腕表，搭配镶嵌雕刻红宝石、祖母绿和蓝宝石的印度风格表链。卡地亚纽约，1930年。

Wrist watch of baguette diamonds
on bracelet of diamonds and
carved emeralds,
rubies, and sapphires, $9900

Gold wrist watch with alarm, on leather strap
with gold Cartier clasp,
cabochon sapphire winder, $385

UPPER LEFT
Crystal, onyx, and platinum
pocket watch with
rose diamond numerals, $890

Tutti Frutti 水果锦囊珠宝腕表
1929年，卡地亚巴黎

铂金，7.05克拉祖母绿表镜，两颗雕花
祖母绿（共重35.33克拉），一颗长方
形雕花祖母绿，蓝宝石，红宝石，
祖母绿，长阶梯形切割钻石和
底座式镶嵌钻石

*LeCoultre 118长方形机芯，镀铑，8个
调校项目，17枚宝石轴承，瑞士杠杆式
擒纵系统，双金属平衡摆轮，扁平摆轮
游丝。*

2.15 x 2.30 厘米（表壳）
17.50 厘米（长度）

WWL 99 A29

1933年为腕表袖扣申请专利的绘图。

Fig. 1.

Fig. 3.   Fig. 2.   Fig. 4.

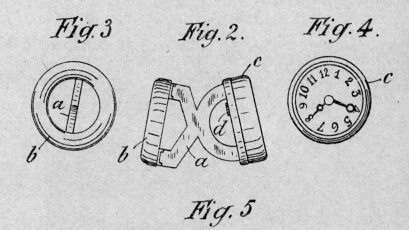

Fig. 5.

为*Eclipse*腕表及其附件申请专利的
绘图，1910及1913年。

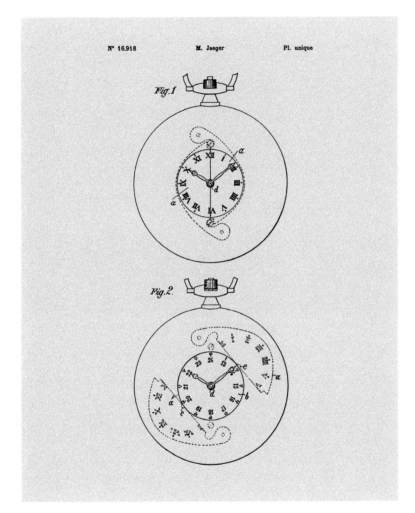

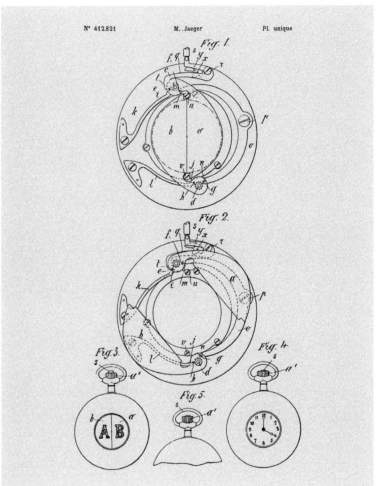

滑动长方形胸针表，搭配手镯
（"曼陀铃"）
腕表：1938年，卡地亚巴黎
手镯：1957年，卡地亚巴黎

黄K金，玫瑰K金

*LeCoultre 403 Duoplan*长方形机芯，
镀铑，15枚宝石轴承，瑞士杠杆式擒纵
系统，单金属平衡摆轮，扁平摆轮游丝。

2.49 x 1.10 厘米（表壳）

WWL 31 A38

玛琳·黛德丽（Marlene Dietrich）
佩戴卡地亚腕表。
巴黎，1938年。

法国女影星凯瑟琳·德纳芙（Catherine Deneuve）佩戴*Baignoire*腕表。

1969年伦敦卡地亚广告，展示*Tank*及*Baignoire*腕表。

卡地亚：制表业的先锋

尽管卡地亚档案内的腕表销售记录可追溯至1888年，但腕表要到20世纪初期才逐渐普及。总体而言，20世纪前的腕表一般搭配装饰手链，专为女士而设，而男士则一律佩戴怀表。男士在当时佩戴腕表被视为不恰当与不切实际的做法：尽管制表商于早期已有能力制作体积较小的表，例如18世纪的戒指表，然而这些钟表很多时候不太精确，在相同组件下，大机芯始终较小型机芯来得稳定。卡地亚首枚真正的腕表（以佩戴于手腕上为设计目标的钟表）是应阿尔伯托·山度士·杜蒙（Alberto Santos Dumont）的要求而制作的。山度士·杜蒙是航空先锋，驾驶轻飞行器和早期飞机。他邀请路易·卡地亚为他制作一枚可佩戴于手腕上的表，使他在飞行时双手不用离开航空器的操作板。这枚专为杜蒙而设的腕表于1904年面世，并于1911年公开发售，取名为 *Santos-Dumont* 腕表，与1904年的原型款一致。首度将表带整合于表壳，并于后来卡地亚最具代表性的 *Tank* 系列中，进一步演化表带接合的概念。

Santos-Dumont 腕表与卡地亚原来的风格可谓大相径庭。1904年以前，品牌仅为男士制作怀表，而腕表则以手镯形式为女士而设计。*Santos-Dumont* 腕表的表壳结集了简洁的几何元素，配合柔和的表耳曲线，属现代风格的早期例证。*Santos-Dumont* 腕表配以卡地亚首度推出的几何珠宝设计（1906至1907年），堪称当代杰作。

卡地亚亦在战前时期呈献另一钟表杰作——*Tonneau* 腕表，此腕表于1906年问世，首年推出时备有黄金和铂金款式。*Tonneau* 腕表除造就了卡地亚标志的樽型设计外，更同时还搭配雕纹表盘和罗马数字时标，这两项设计其后亦成为卡地亚表款的标志元素之一。其实，*Santos-Dumont* 腕表的原型是1904年为阿尔伯托·

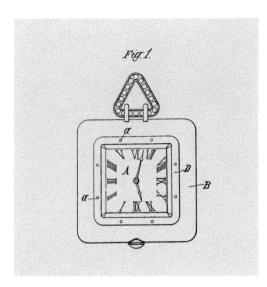

为多角形腕表申请专利的绘图，
表镜由螺丝固定。1910年。

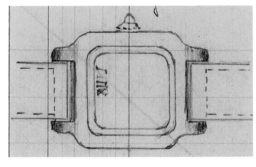

销售记录中的*Santos* 表款绘图。
1911年，卡地亚巴黎。

山度士·杜蒙设计的首枚孤品表，而*Tonneau* 才是卡地亚生产的首个腕表系列。*Tonneau* 腕表亦展示出另一项卡地亚设计特色：凸圆形上链表冠。凸圆形首见于卡地亚的腕表，特别是1906年的 *Tonneau* 腕表；而路易·卡地亚亦设计过凸圆形的表耳。

第一次世界大战对于腕表业来说，是关键的过渡时期。腕表（通常是在小型怀表表壳两端附设皮表带接口）与怀表的地位逐渐看齐，直到1918年，腕表更超越了怀表的销售量。卡地亚 *Tank* 系列于1917年问世，可说是卡地亚广为熟知的时计作品。而 *Tank* 系列腕表的外形和名字，则是取材于一战时期首度推出、打破堑壕战僵局的装甲车辆（卡地亚于1918年将1917年设计的 *Tank* 腕表原型赠予潘兴上将（General Pershing））。*Tank* 系列采用首见于 *Santos-Dumont* 腕表的表耳设计——表耳不仅是表壳的一部份，更如Franco Cologni的著作《*Cartier: The Tank Watch*》所言，是腕表 "...不可或缺的结构元素"。首枚 *Tank* 腕表于1919年推向市场。

Tonneau 腕表问世后三十年，卡地亚推出了更多款式的腕表，延续品牌的设计美学。1912年*Tortue* 龟形和椭圆形表款相继面世，*Cloche* 钟形腕表亦于1923年推出。从基本表款衍生出各式腕表设计。而从21世纪初起，品牌亦着手研制不同形状的表壳，一方面保留了卡地亚腕表设计理念的核心元素，在延续简约几何设计，传承*Santos*、 *Tonneau*和*Tank*系列开创的美学风范的同时，开发了全新款式。*Calibre de Cartier*卡历博系列腕表及*Ballon Bleu de Cartier* 蓝气球系列腕表尤其彰显出卡地亚腕表设计传统的连续性和生命力。

1907年，飞行先锋山度士·杜蒙（Alberto Santos Dumont）着手制作"Demoiselles"轻型机动单翼机，堪称现代飞机的始祖。

Santos 腕表
1915年，卡地亚巴黎

黄K金，玫瑰K金，蓝宝石，真皮表带

LeCoultre 126 圆形机芯，日内瓦
波纹（Côtes de Genève）装饰，
镀银，8个调校项目，18枚宝石轴承，
瑞士杠杆式擒纵系统，双金属平衡摆轮，
宝玑摆轮游丝。

3.49 x 2.47 厘米（表壳）

WCL 87 A15

Tank 腕表
1920年，卡地亚巴黎

铂金，黄K金，蓝宝石，真皮表带

LeCoultre 119 圆形机芯，日内瓦
波纹（Côtes de Genève）装饰，
镀铑，8个调校项目，19枚宝石轴承，
瑞士杠杆式擒纵系统，双金属平衡
摆轮，宝玑摆轮游丝。

2.96 x 2.30 厘米（表壳）

WCL 115 A20

可翻转basculante 腕表
1936年，卡地亚巴黎

黄K金，玫瑰K金，真皮表带

*LeCoultre 111*长方形带截角机芯，
镀铑，2个调校项目，18枚宝石轴承，
瑞士杠杆式擒纵系统，双金属平衡
摆轮，扁平摆轮游丝。

3.78 x 1.98 厘米（表壳）

WCL 96 A36

Tank Cintrée 腕表
1924年，卡地亚巴黎

铂金，黄K金和玫瑰K金，蓝宝石，
真皮表带

*LeCoultre 123*圆形机芯，日内瓦
波纹（*Côtes de Genève*）装饰，
镀铑，8个调校项目，18枚宝石轴承，
瑞士杠杆式擒纵系统，双金属平衡
摆轮，宝玑摆轮游丝。

4.63 x 2.30 厘米（表壳）

WCL 34 A24

测试Tank étanche腕表的防水功能。
1931年。

法国影星及歌手伊夫·蒙当
（Yves Montand）佩戴*Tank Louis Cartier*腕表。

安迪·沃荷（Andy Warhol）
热衷收藏*Tank* 腕表。1973年。

俄国作曲家伊戈尔·斯特拉文斯基
（Igor Stravinsky）佩戴*Tonneau*
腕表。1949年。

***Tonneau* 腕表**
1908年，卡地亚巴黎

K金，蓝宝石，真皮表带

*LeCoultre 10HPVM*圆形机芯，镀金，
18枚宝石轴承，瑞士杠杆式擒纵系统，
双金属平衡摆轮，扁平摆轮游丝。

售予Hohenfelsen伯爵夫人

3.75 x 2.60 厘米（表壳）

WCL 122 A08

弧形表圈腕表
1965年，卡地亚巴黎

黄K金，玫瑰K金，真皮表带

LeCoultre 496 圆形机芯，日内瓦波纹形装饰，镀铑，15枚宝石轴承，瑞士杠杆式擒纵系统，单金属平衡摆轮，扁平摆轮游丝。

2.80 x 2.00 厘米（表壳）

WCL 101 A65

1967年，罗密·施耐德（Romy Schneider）在特伦斯·杨（Terence Young）执导的《双重特工》（*Triple Cross*）片场。她佩戴*Baignoire*腕表。

"钟形"腕表
1923年，卡地亚

黄K金，玫瑰K金，蓝宝石，真皮表带

*LeCoultre 126圆形机芯，日内瓦
波纹（Côtes de Genève）装饰，
镀银，8个调校项目，18枚宝石轴承，
瑞士杠杆式擒纵系统，双金属平衡
摆轮，宝玑摆轮游丝。*

2.90 x 2.50 厘米（表壳）

WCL 43 A23

带保护格栅的防水腕表
1943年，卡地亚巴黎

黄K金，玫瑰K金，蓝宝石，真皮表带

LeCoultre 437长方形带截角机芯，
日内瓦波纹形装饰，15枚宝石轴承，
瑞士杠杆式擒纵系统，单金属平衡
摆轮，扁平摆轮游丝。

表壳直径4.10 厘米

WCL 81 A43

Crash 腕表
1967年，卡地亚伦敦

黄K金，玫瑰K金，蓝宝石，真皮表带

LeCoultre 840酒桶形机芯，日内瓦波纹（Côtes de Genève）装饰，镀铑，17枚宝石轴承，瑞士杠杆式擒纵系统，单金属平衡摆轮，扁平摆轮游丝。

这款腕表展现了腕表被碰撞后的逼真形态。

4.25 x 2.50 厘米（表壳）

WCL 53 A67

Maxi Oval 腕表
1969年，卡地亚伦敦

K金，蓝宝石，真皮表带

LeCoultre 840酒桶形机芯，日内瓦波纹（Côtes de Genève）装饰，镀铑，17枚宝石轴承，瑞士杠杆式擒纵系统，单金属平衡摆轮，扁平摆轮游丝。

5.25 x 2.28 厘米（表壳）

WCL 28 A69

复杂功能：三问装置

三问装置不单结构复杂（内含大量组件，当中大部份在生产时需要极高的精确性），且有着精巧的细节，因而被视为技术要求最严苛的钟表功能之一。三问腕表需要极为准确的调校才能正常运作。三问装置是指钟表根据指示可于小时、刻钟和分钟进行报时。用户按下按钮或操作表壳旁边的滑动装置，从而推动辅助发条运作，并启动报时系统。三问装置一般配备两个强化钢簧，各按小时、刻钟和每分钟调校至不同声响；而以弹簧驱动的音槌则在报时系统启动时触响齿条和杠杆。整个报时系统的调节必须与计时齿轮系完全一致，而三问装置每项结构，包括音簧的组合和音调、连接表壳的接口、音槌敲击的力度等等，均需受严格控制，从而调节成丰富悦耳、节奏准确的声响（三问装置的报时速度受调速系统控制，可加快或减慢报时节奏）。

三问装置可见于卡地亚典藏系列的座钟、怀表和腕表。卡地亚曾创作多款单项功能或搭配其它功能的三问怀表。典藏系列中一个最著名的例子要数卡地亚伦敦于1925年推出的万年历三问怀表（见WPC 03 C25，第90页），这款怀表配备日期、星期和月份的同轴数字显示，将优雅简洁的表盘和精湛的技术完美结合。卡地亚在一战前期亦制作了不少饰以珐琅雕纹的正方形座钟，由座钟顶部的推进钮启动报时装置（见CR 01 A10，第89页）。搭载三问装置的旅行钟亦同时问世。卡地亚还将三问装置融入"复杂功能"钟表之中，例如于1927年由卡地亚巴黎售出的三问怀表，其结构极为复杂，配备追针计时功能、万年历和月相显示（见WPC 26 A27，第108页）。而在1990年，卡地亚又推出配备万年历和月相显示的*Pasha de Cartier*三问腕表（见ST-WCL 250 A90，第109页）。

Cube三问报时座钟
1910年，卡地亚巴黎

K金，银，铂金，玛瑙，珐琅，
月长石，玫瑰花形切割钻石

Nocturne 8日动力储存长方形机芯，
三问报时，镀金，瑞士杠杆式擒纵
系统，双金属平衡摆轮，宝玑
摆轮游丝。上链和时间调校轴。

10.00 x 6.20 x 7.70 厘米

CR 01 A10

"Marine Repeater"（或称为"船钟"）怀表是卡地亚典藏系列中最与众不同的三问表之一，这款怀表搭载由LeCoultre于1926年制作的150型机芯（见WPC 19 A26，第91页）。怀表按照指示进行报时工作，其独特功能彷如船上的敲钟。此怀表原为一名锡铁大亨之子William B. Leeds而制，他热爱帆船，其母亲Nancy Leeds亦是卡地亚最尊贵的客户之一。

三问报时万年历怀表
约1925年，卡地亚伦敦

K金

*Victorin Piguet风格圆形机芯，三问
报时，万年历，日内瓦波纹形装饰，
镀铑，8个调校项目，31枚宝石轴承，
瑞士杠杆式擒纵系统，双金属平衡
摆轮，宝玑摆轮游丝。*

三问装置可按要求报出小时、刻钟、
和分钟（后者为高音）。日历表款还
可显示日期。通常会显示星期、日期
和月份。万年历能够自动计算每月
天数和闰年，仅在极个别情况下才
需要手动调校，如当整百年不是
闰年时（即无法被400整除的年份）。

直径5.20厘米

WPC 03 C25

Tortue 三问腕表
1928年，卡地亚巴黎

K金，皮表带

*LeCoultre*圆形机芯，三问报时，日内瓦
波纹（*Côtes de Genève*）装饰，镀铑，
8个调校项目，29枚宝石轴承，瑞士
杠杆式擒纵系统，双金属平衡摆轮，
宝玑摆轮游丝。

此款极为罕见的腕表采用最为精密的
复杂功能：当推动三问报时滑片，
三问装置可报出小时、刻钟、和分钟。

2.99 x 3.27 厘米(表壳)

WCL 127 A28

船钟怀表
1926年，卡地亚巴黎

K金，珐琅

*LeCoultre 150*圆形机芯，船钟（*Ship's
Bell*）报时，日内瓦波纹（*Côtes de
Genève*）装饰，镀铑，8个调校项目，
29枚宝石轴承，瑞士杠杆式擒纵系统，
双金属平衡摆轮，宝玑摆轮游丝。

以1926年制造的配备三问报时装置的
表款为基础，这款1928年售出的款式
采用船钟式报时装置，即为船员每
4小时一次轮班中的8次报时。此款
怀表报时方式如下：
0000 四次双响敲钟
0030 一次单响敲钟
0100 一次双响敲钟
0130 一次单响加一次双响敲钟
0200 两次双响敲钟
0230 一次单响敲钟加两次双响敲钟
0300 三次双响敲钟
0330 一次单响敲钟加三次双响敲钟
0400 四次双响敲钟。
如此周而复始，以4小时为一周期。
这是此类表中一种特殊的报时装置。

售予威廉姆•B•利兹（William B. Leeds）

直径5.00厘米

WPC 19 A26

其它复杂功能

卡地亚的复杂功能时计包括多项经典功能，例如计时功能、追秒（追针）计时、陀飞轮和万年历。此外，为呈现与众不同的视觉美感，卡地亚亦采用有别于传统钟表显示的功能，如可见于腕表及怀表中的跳时功能。其中一个著名例子包括一枚于1929年制作、配备跳时功能和透明表背的怀表（见WPC 05 A29，第93页）；此怀表原本搭载透明水晶表壳，由Edmond Jaeger 设计（Edmond Jaeger 于1907年与签约卡地亚）。目前投产的*Rotonde de Cartier*跳时腕表便是从此怀表中吸取设计灵感，其表盘与1929年制作的怀表如出一辙（并与怀表一样搭配表背显示）。跳时腕表的例子亦包括1929年制作的多款*Tank à guichets*（窗口）腕表。*Tank à guichets*腕表于1990年代再度推出，并与1920和30年代的设计十分相近，其纤细笔直的设计不仅流露出装饰艺术风格，也反映了1929年左右经济大萧条时期的朴实风格。

卡地亚于1920年代开始生产多时区和世界时间腕表。卡地亚典藏系列中包括一枚于1927年问世的三时区怀表，其主表盘和两个副表盘分别显示当地时间和另外两个地区的时间（见WPC 09 A27，第98页）；以及于1940年（见WPC 12 A40，第98页）由江诗丹顿制作的"国际时间"或世界时间怀表（搭载Agassiz机芯），可显示主时区及31个城市时间。另一重要的"国际时间"钟表是一座饰以黄金、红珊瑚宝石和钻石的台钟，并曾于1966年售予芭芭拉·赫顿（Barbara Hutton）（见CDS 64 A66，第99页）。如今，"国际时间"功能亦呈现于高级制表系列*Calibre de Cartier* 多时区腕表中，此款腕表是首次搭载夏令时功能的腕表，可显示各个时区的夏冬令时间及出发地和目的地的时差。

跳时怀表，透明表背
1929年，卡地亚纽约

铂金，K金，Plexiglas®树脂玻璃，珐琅

圆形机芯，小时跳字显示，日内瓦
波纹形装饰，镀铑，8个调校项目，
19枚宝石轴承，瑞士杠杆式擒纵系统、
双金属平衡摆轮、宝玑摆轮游丝。

直径4.90厘米

WPC 05 A29

早期生产的*Tortue*单按钮计时码表获的得了众多收藏家和鉴赏家的青睐，而单按钮计时也因此成为卡地亚腕表的一项特色功能。单按钮计时码表是最早的计时码表款式，其按钮或设于上链表冠同轴位置上，或与表冠一体，控制开始、停止和重设计时功能。卡地亚典藏系列中亦可见单按钮计时怀表，包括一枚由European Watch and Clock Co Inc.公司于1927年瑞士制造的怀表（见WPC 21 A27，第101页）。此公司于1919年由卡地亚纽约创立。此外，典藏系列亦带来一枚经典*Tortue*单按钮计时码表，由Edmond Jaeger于1929年制作，搭载 LeCoultre 133型机芯（见WCL 42 A29，第100页）。这项传统的计时码表功能，亦可见于目前腕表系列之中，如搭载9431 MC型机芯的*Rotonde de Cartier*陀飞轮单钮计时码表。

尽管双刻度圈设计（通常设两个数字圈，外圈一般为罗马数字小时刻度，内圈则为阿拉伯数字分钟刻度）本身不属于复杂功能，但从20世纪初开始，卡地亚便一直沿用此设计。在卡地亚典藏系列中，一枚于1911年由Edmond Jaeger为卡地亚巴黎打造的怀表（见WPO 66 A11，第102页），是最先采用双刻度圈设计的时计。而"卡地亚时间艺术"展览亦呈献一枚1916年面世的精美怀表（见WPO 20 A16，第103页）。此怀表搭配铂金镶边水晶表壳，并于表壳外缘和三角蝴蝶结上镶嵌玫瑰式切割钻石。1994年卡地亚设计的双刻度圈怀表，便是从这款超薄双刻度圈经典钟表中汲取灵感（见ST-WPO 02 A94，第102页），其铂金表壳和表壳外缘镶钻的设计更是同出一辙。卡地亚典藏系列亦包括搭载双刻度圈显示的复杂功能怀表，如一枚由卡地亚巴黎于1912年售出的配备双刻度圈的三问怀表（见WPC 18 C12，第102页）。高级制表系列中的*Rotonde de Cartier*中央区显示计时功能码表更将双刻度圈显示和两个水平表盘设计完美融合。

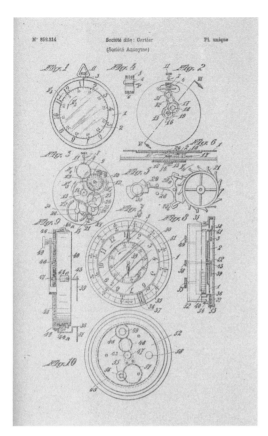

为一枚无指针腕表申请专利的绘图，可读取经度及真实时间，专为导航而设。1938年。

透明表背是相对现代化的设计，但有时却会被视为是腕表必备的功能；而从现代角度来看，这也反映了人们对腕表观念的转变：从实用为先至美观至上。钟表中体现的高超技艺和设计美感，正好揭示出钟表同时作为装饰品和实用工具的紧密关系——以机械装置实现美学体验。现代的卡地亚腕表采用透明表背，藉以展示众多非凡机芯，如获"日内瓦优质印记"（Geneva Hallmark）的9452 MC型浮动式陀飞轮机芯。其实卡地亚的透明表背可追溯至更早时期，如"卡地亚时间艺术"展览中两枚来自卡地亚典藏系列的怀表便采用了透明表背：1926年（见WPO 52 A27及WPO 37 A26，第104页）和1927年问世、搭载三角蝴蝶结、罗马数字刻度圈的怀表。这些非凡表款均呈现出机械钟表的恒久魅力和生命力。

月相显示是最古老的制表功能之一，在人工照明工具发明前的作用尤为重大，因为月光亮度关乎旅客的安危。月相显示一般搭载简单日历（如卡地亚典藏系列的日历座钟，于1910年及1912年由Coüet和Bako制作而成，镀银雕纹外缘覆有半透明蓝绿珐琅块），有时亦会配备万年历（见CDS 51 A12及CDS 47 A10，第106-107页）。其中著名款式包括Edmond Jaeger于1927年为卡地亚巴黎制作、搭载追针计时码表、三问装置、万年历和月相显示的怀表（见WPC 26 A27，第108页），以及于1990年问世、搭载万年历、月相显示、三问装置和自动上链装置的*Pasha de Cartier* 复杂功能腕表（见ST-WCL 250 A90，第109页）。

从左至右：
神秘怀表（卡地亚巴黎，1931年）。
自动上链怀表，60小时动力储存
（卡地亚伦敦，1935年）。
*Tank à guichets*腕表
（卡地亚巴黎，1927年）。

Tank à guichets 腕表
1928年，卡地亚巴黎

黄K金，玫瑰K金，真皮表带

*LeCoultre 126*圆形机芯，小时跳字
显示盘和连续分钟显示盘，日内瓦
波纹形装饰，镀铑，8个调校项目，
18枚宝石轴承，瑞士杠杆式擒纵系统、
双金属平衡摆轮、宝玑摆轮游丝。

售予印度巴提亚拉土邦主（Maharajah
of Patiala）布品德拉 • 塞恩勋爵
（Sir Bhupindra Singh）。

3.70 x 2.50 厘米（表壳）

WCL 31 A28

艾灵顿公爵（Duke Ellington），美国
钢琴家、作曲家、编曲家及乐队指挥，
佩戴卡地亚腕表。

三时区怀表
1927年，卡地亚纽约

铂金

*LeCoultre 140圆形基础机芯，三时区
显示，日内瓦波纹形装饰，镀铑，
8个调校项目，19枚宝石轴承，瑞士
杠杆式擒纵系统，双金属平衡摆轮，
扁平摆轮游丝。*

应买家要求，该款怀表能够显示三个
不同时区的时间。拉出上链表冠，
可以同时调校主表盘和3点钟位置
副表盘指针，两表盘的时间差保持一致。
第三表盘独立于前两者，要调校该表
盘指针，需转动初始位置的上链表冠，
并按下11点钟位置的旋钮。

直径4.55厘米

WPC 09 A27

世界时间怀表
1940年，卡地亚纽约

K金

*Agassiz Watch Co.制表厂制造的瑞士
圆形机芯，日内瓦波纹形装饰，镀铑，
21枚宝石轴承，瑞士杠杆式擒纵系统，
双金属平衡摆轮，宝玑摆轮游丝。*

带有阿拉伯数字的旋转圆盘备有昼夜
指示：圆盘上数字6到18的区域为
光亮区，18到6的区域为黑暗区，
数字12和24分别被太阳和月亮图案
所取代。同心圆环上镌刻有代表各
时区的城市名称及经度显示，便于
佩戴者在任何时候读取这些城市的时间。

直径4.40厘米

WPC 12 A40

世界时间座钟
1966年，卡地亚巴黎

K金，红珊瑚宝石，圆钻

表盘中心可旋转区域列出每个时区
（及对立面时区）主要城市的名称，
便于随时读取全球各地的时间。

8日动力储存圆形机芯，镀镍，15枚
宝石轴承，瑞士杠杆式擒纵系统，
单金属平衡摆轮，扁平摆轮游丝。

表盘中心与时针同步旋转，指示
巴黎时间。

售予芭芭拉·赫顿（Barbara Hutton）。

表盘直径8.20厘米

CDS 64 A66

双时区神秘旅行闹钟，配钟罩
1997年，卡地亚

白K金，圆钻

长方形带截角机芯，双时区机制，
日内瓦波纹（Côtes de Genève）
装饰，镀铑，抗震，瑞士杠杆式
擒纵系统，单金属平衡摆轮，扁平
摆轮游丝。上链与调校装置位于
背面，将背板滑开即可使用。
即使当钟罩合上时，也可通过
钟罩和滑动背板上的圆形窗口
读取时间。

5.04 x 7.04 厘米

ST-CM 01 A97

Tortue 单钮计时腕表
1929年，卡地亚纽约

K金，真皮表带

*LeCoultre 133*圆形机芯，单钮计时
功能，30分钟计时器，日内瓦波纹
形装饰，镀铑，8个调校项目，25枚
宝石轴承，瑞士杠杆式擒纵系统，
双金属平衡摆轮，宝玑摆轮游丝。

售予埃兹尔·福特（Edsel Ford）

3.50 x 2.70 厘米（表壳）

WCL 42 A29

单钮计时怀表
1927年，卡地亚纽约

K金，珐琅

圆形单钮计时机芯，30分钟计时器，
日内瓦波纹形装饰，镀铑，8个
调校项目，27枚宝石轴承，瑞士
杠杆式擒纵系统，双金属平衡摆轮，
宝玑摆轮游丝。

直径5.00厘米

WPC 21 A27

双刻度圈怀表
1911年，卡地亚巴黎

铂金，蓝宝石

LeCoultre 140 圆形机芯，日内瓦
波纹形装饰，镀铑，8 个调校项目，
18 枚宝石轴承，瑞士杠杆式擒纵系统，
双金属平衡摆轮，扁平摆轮游丝。

直径4.51厘米

WPO 66 A11

双刻度圈三问怀表
约1912年，卡地亚

K金，珐琅

圆形机芯，三问报时，镀金，31 枚
宝石轴承，瑞士杠杆式擒纵系统，
双金属平衡摆轮，宝玑摆轮游丝。

直径4.70厘米

WPC 18 C12

双刻度圈怀表
1994年，卡地亚

铂金，长阶梯形切割钻石，
隐秘镶嵌钻石

阔形机芯，日内瓦波纹（*Côtes de
Genève*）装饰，镀铑，20 枚宝石轴承，
抗震，瑞士杠杆式擒纵系统，单金属
平衡摆轮，扁平摆轮游丝。

直径4.90厘米

ST-WPO 02 A94

透明表背怀表
1916年，卡地亚巴黎

铂金，K金，水品，珐琅，
玫瑰花形切割钻石

LeCoultre 139 阔形机芯，日内瓦
波纹形装饰，镀铑，8个调校项目，
18枚宝石轴承，瑞士杠杆式擒纵系统，
双金属平衡摆轮，扁平摆轮游丝。

直径4.85厘米

WPO 20 A16

Tank LC Noctambule 腕表
2006年，卡地亚

铂金，白K金，蓝宝石，真皮表带

卡地亚工作坊精制9711MC型镂空
手动上链机械机芯，夜光涂层表桥，
19枚宝石轴承。

卡地亚典藏系列珍品。

2.90 x 3.84 厘米（表壳）

WLE 31 A2006

透明表背怀表
1927年，卡地亚巴黎

铂金，水晶，玫瑰花形切割钻石

*LeCoultre 126*圆形机芯，日内瓦
波纹形装饰，镀银，8个调校项目，
19枚宝石轴承，瑞士杠杆式擒纵系统，
双金属平衡摆轮，扁平摆轮游丝。

直径4.43厘米

WPO 52 A27

怀表
1926年，卡地亚纽约

K金，铂金，玫瑰花形切割钻石，珐琅

*LeCoultre 125*圆形机芯，日内瓦
波纹形装饰，镀银，8个调校项目，
18枚宝石轴承，瑞士杠杆式擒纵系统，
双金属平衡摆轮，扁平摆轮游丝。

直径4.70厘米

WPO 37 A26

取自目录册其中一页，展示一枚镶嵌
水晶、缟玛瑙和钻石的怀表，透明表背。
卡地亚纽约，1930年。

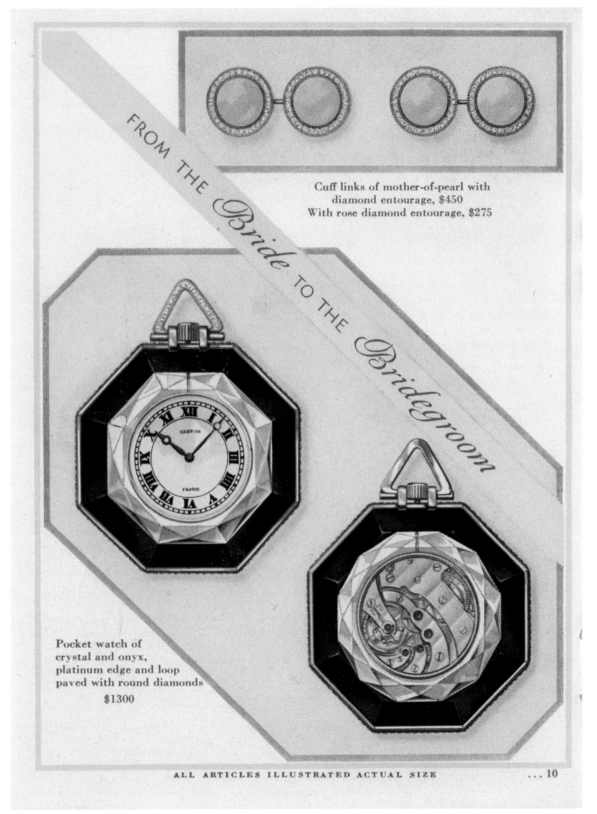

Cuff links of mother-of-pearl with
diamond entourage, $450
With rose diamond entourage, $275

FROM THE *Bride* TO THE *Bridegroom*

Pocket watch of
crystal and onyx,
platinum edge and loop
paved with round diamonds
$1300

ALL ARTICLES ILLUSTRATED ACTUAL SIZE
... 10

日历月相时钟
1912年，卡地亚巴黎

银，镀银，铂金，镀金金属，珐琅，
玫瑰花形切割钻石

8日动力储存圆形机芯取代了原型机芯，
镀铑，15枚宝石轴承，瑞士杠杆式擒纵
系统，单金属平衡摆轮，宝玑摆轮游丝。
日历小表盘和月相与四朵铂金
花状图案相得益彰，珐琅边
缘嵌饰玫瑰花形切割钻石。

10.00 x 10.00 厘米

CDS 51 A12

日历月相时钟
1910年，卡地亚巴黎

银，玫瑰K金，铂金，镀银，珐琅，
玫瑰花形切割钻石

8日动力储存圆形机芯，简单日历机制，
镀金，瑞士杠杆式擒纵系统，双金属
平衡摆轮，宝玑摆轮游丝。日历小表盘
和月相与四颗铂金星星相得益彰，绿色
珐琅边缘嵌饰玫瑰花形切割钻石。

10.00 x 10.00 厘米

CDS 47 A10

三问报时追针计时怀表，带万年历和
月相显示
1927年，卡地亚巴黎

K金

*LeCoultre*圆形机芯，三问报时，追针
计时，48个月的万年历，月相显示，
镀铑，8个调校项目，40枚宝石轴承，
瑞士杠杆式擒纵系统，双金属平衡摆轮，
宝玑摆轮游丝。

直径5.12厘米

WPC 26 A27

Pasha de Cartier 自动上链腕表，
三问报时，万年历和月相显示
1990年，卡地亚

黄K金，玫瑰K金，蓝宝石，真皮表带

*自动上链圆形机芯，三问报时，万年历，
月相显示，手工雕琢，镀金，41枚宝石
轴承，抗震，瑞士杠杆式擒纵系统，
单金属平衡摆轮，扁平摆轮游丝。
月相调校按钮设于表侧10点钟位置，
星期调校按钮设于7点钟位置，日期
调校按钮则设于5点钟位置。月份
小表盘的红点显示闰年。*

表壳直径3.80厘米（不含上链表冠）

ST-WCL 250 A90

神秘钟

神秘钟，因其神秘莫测的运作而得名。神秘钟的指针于水晶钟盘上运转，看似游离于时钟。最精妙的神秘钟不但看不出时钟和指针的机械连接，仔细检验下更很难找到任何机械装置。卡地亚工作坊创作的神秘钟以其魔幻般的视觉体验让人流连于那百思不得其解的奥秘中，这些瑰丽而珍稀的时钟成为收藏家梦寐以求的珍品。

自1912年面世到1930年代初期，由Maurice Coüet制作的神秘钟一直在外形设计上推陈出新。生于1885年的Coüet来自制表家庭（其父亲和祖父均于宝玑工作），在早年跟随父亲学习，后为卡地亚最重要的一家供货商工作。他在制表技术和美学装饰方面均极具天赋，终于创立了自己的工坊，并于1911年成为卡地亚独家时钟供货商。Coüet的天赋无人能及，而在1912年，他创作了首座卡地亚神秘钟，并简单取名为"Model A"（见CM 19 A14及CM26 A49，第112-113页）。

高贵典雅的"Model A"神秘钟渗溢着"美好年代"（Belle Époque）的装饰风格，当中运用的笔直线条、梯状外壳和水晶主体，更彷佛预见装饰艺术时期的来临。尽管此神秘钟不是最精细的款式，但却是其中一件最纯净的杰作，其不透明钟座搭载了八日动力储存机芯，所有机械装置均巧妙隐藏，而接近完全透明的外壳更是找不到驱动指针运转的蛛丝马迹。

神秘钟独特魔幻的特色亦归功于Coüet的前人，Jean-Eugène Robert-Houdin（1805-1871），他不单是现代神秘钟的发明家，亦是19世纪最享负盛名的魔术师之一，更是现代舞台魔术的始创人。其精彩的幻术表演最为人津津乐道，当中包括著名的"奇妙橙树"（Marvellous Orange Tree）。2006年电影《魔幻至尊》（*The*

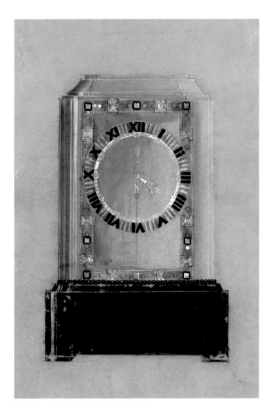

"Model A"神秘钟设计图,饰以透明
水晶、珍珠母贝、黄K金、软玉及钻石,
1929年。

Illusionist)便是改编自他传奇的一生,展现他多项看家戏法。事实上,Robert-Houdin是在机缘巧合下当上魔术师的,他本来在一家本土书商订购了贝亚德(Berthoud)的《钟表制造论文集》(*Treatise on Clockmaking*),却无意地拿到两本魔术著作。Robert-Houdin首个神秘钟于1839年在法国工业展上展出。

神秘钟是卡地亚弥足珍贵的作品,品牌采取了严谨的措施防止其秘密向外泄露,即使是销售人员亦无法得知神秘钟的运作原理。然而,神秘钟的基本机械装置却是非常简单。指针置于锯齿状的水晶盘上(实际是非常大的透明齿轮),钟盘外框遮盖了锯齿圆周,而在"Model A"神秘钟内,两个分别搭载时针和分针的锯齿圆盘,则由藏于表壳侧面的两个螺旋杆驱动。

神秘钟是一项既精密且昂贵的设计,不论是采用的物料或工艺,均反映出当时最复杂的制表工艺,因为成本亦相对较高。路易·卡地亚和Coüet以无穷的想象力打造杰出设计,在双轴及单轴两个基本装置(单轴于1920年创立)的基础上发展处各种款式:从朴素优雅的原创"Model A"神秘钟,到1923年异想天开、饰以神像(Billiken)的"庙门"神秘钟(见CM 09 A23,第117页;此神秘钟于1973年成为卡地亚典藏系列的首件珍品),再演变至分别于1928年和1926年问世的"大象"和中国"客迈拉"(Chimera)神秘钟(见CM 20 A28,第118页及CM23 A26,第121页)。"大象"神秘钟的底座是一只玉象,灵感源于18世纪的中国,展现出路易·卡地亚对珍稀古董的热爱。

集精湛机械工艺与非凡美学设计的神秘钟,将继续成为卡地亚未来钟表设计的标杆之作。

"Model A" 神秘钟
1914年，卡地亚巴黎

K金，铂金，白玛瑙，透明水晶，
蓝宝石，珐琅，玫瑰花形切割钻石

8日动力储存长方形机芯，镀金，瑞士
杠杆式擒纵系统，双金属平衡摆轮，
宝玑摆轮游丝。时间调校和上链装置
设于底座下方。

首座"Model A"神秘钟于1912年被
卡地亚售出。其铂金和钻石打造的指针
似乎并未与机械机芯相连结——这是
这款钟表最让人不可思议之处。事实上，
它的每一枚指针都被安置在带有隐形
锯齿状边缘的水晶盘面上，盘面由隐藏
在时钟两侧的两个垂直框架驱动，而驱动
这两个垂直框架的，正是底座里的机芯。

售予格雷夫尔侯爵（Count Greffulhe）

高度13.00厘米

CM 19 A14

"Model A"神秘钟
1949年，卡地亚巴黎

黄K金，白K金，铂金，透明水晶，
玫瑰花形切割钻石，红宝石

8日动力储存长方形机芯，镀金，3个
调校项目，15枚宝石轴承，瑞士杠杆
式擒纵系统，双金属平衡摆轮，宝玑
摆轮游丝。时间调校和上链装置设于
底座下方。

高度13.00厘米

CM 26 A49

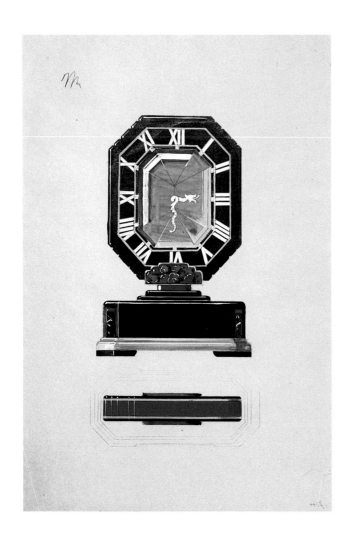

神秘钟设计图，饰以黄金、缟玛瑙、漆面、玉、红珊瑚宝石及钻石，搭载黄晶钟盘。巴黎，1927年。

单轴神秘钟

1920年，卡地亚巴黎

黄K金，白K金，铂金，硬质橡胶，黄水晶，珐琅，玫瑰花形切割钻石

8日动力储存长方形机芯，镀金，瑞士杠杆式擒纵系统，双金属平衡摆轮，宝玑摆轮游丝。时间调校和上链装置设于底座下方。

此款时钟是卡地亚制作的首批单轴神秘钟之一。

高度12.00厘米

CM 16 A20

单轴神秘钟
1922年，卡地亚巴黎

K金，铂金，透明水晶，缟玛瑙，
珐琅，玫瑰花形切割钻石

8日动力储存长方形机芯，镀金，
15枚宝石轴承，瑞士杠杆式擒纵系统，
双金属平衡摆轮，宝玑摆轮游丝。
时间调校和上链装置设于底座下方。

高度19.60厘米

CM 02 A22

"屏风"神秘钟
1926年，卡地亚纽约

K金，铂金，缟玛瑙，水晶，月长石，
珐琅，玫瑰花形切割钻石

8日动力储存长方形机芯，镀金，
13枚宝石轴承，瑞士杠杆式擒纵系统，
双金属平衡摆轮，宝玑摆轮游丝。
时间调校和上链装置设于底座下方。
传动轴被屏风下的缟玛瑙珠所掩盖。

高度14.00厘米

CM 12 A26

大号"庙门"神秘钟
1923年，卡地亚巴黎

K金，铂金，透明水晶，红珊瑚宝石，
缟玛瑙，珐琅，玫瑰花形切割钻石

8日动力储存正方形机芯，双发条盒，
镀金，13枚宝石轴承，瑞士杠杆式擒纵
系统，双金属平衡摆轮，宝玑摆轮游丝。
透明水晶传动轴，覆凸圆形切割红珊瑚
宝石。可移动福神像调节机芯。
上链和时间调校轴。

这款时钟是一系列"庙门"
（"portique"）时钟中的第一款。
全套时钟共六款，每一款都设计迥异，
由卡地亚在1923-1925年之间创作完成。

售予H•F•麦考密克夫人（Mrs. H.F.
McCormick）（加娜•瓦斯卡）

35.00 x 23.00 x 13.00 厘米

CM 09 A23

Fait par Cartier   Paris-Londres-New-York

"大象"神秘钟
1928年，卡地亚巴黎

铂金，K金，玉石，红珊瑚宝石，
缟玛瑙，水晶，珍珠母贝，珍珠，
珐琅，玫瑰花形切割钻石

8日动力储存长方形机芯，镀金，瑞士
杠杆式擒纵系统，双金属平衡摆轮，
宝玑摆轮游丝，安置镀金金属钟壳的
宝塔稳坐于象背之上。机芯上链和
时间调校装置位于宝塔内，抬起宝塔
即可使用。

玉象来自18世纪的中国。这款神秘钟是
卡地亚于1922-1931年间以动物或神话
生物为主题制作的一系列共12款时钟里
的第九款，此系列部分作品的创作
灵感源自路易十五座钟和路易十六座钟，
其机芯均搭载于动物的背部。Hans
Nadelhoffer笔下的卡地亚钟表，如
"庙门"（"Portique"）时钟系列，
"尽管它们缺少'法贝奇彩蛋'所蕴含
的标志性意义⋯⋯ 但这些"神秘钟"
依然会让人们为之倾倒、着迷。在所有
带有卡地亚标志的收藏品中，它们
堪称绝无仅有的旷世之作。" 如今，
此系列包含四款经典杰作："大象"
时钟、"鲤鱼"时钟，第61页、"神像"
时钟，第123页以及"客迈拉"时钟，
第121页。

来源：讷瓦讷格尔土邦主（Maharajah of
Nawanagar）

20.00 x 15.50 x 9.20 厘米

CM 20 A28

单轴神秘钟
1927年，卡地亚巴黎

K金，铂金，硬质橡胶，黑曜石，透明
水晶，红珊瑚宝石，缟玛瑙，玫瑰花
形切割钻石，珐琅

8日动力储存长方形机芯，镀金，13枚
宝石轴承，瑞士杠杆式擒纵系统，双金属
平衡摆轮，宝玑摆轮游丝。时间调校
和上链装置设于底座下方。

来源：西班牙王后维多利亚·尤金妮娅
（Victoria Eugenia），她是阿方索
十三世（Alphonse XIII）之妻。

高度13.90厘米

CM 25 A27

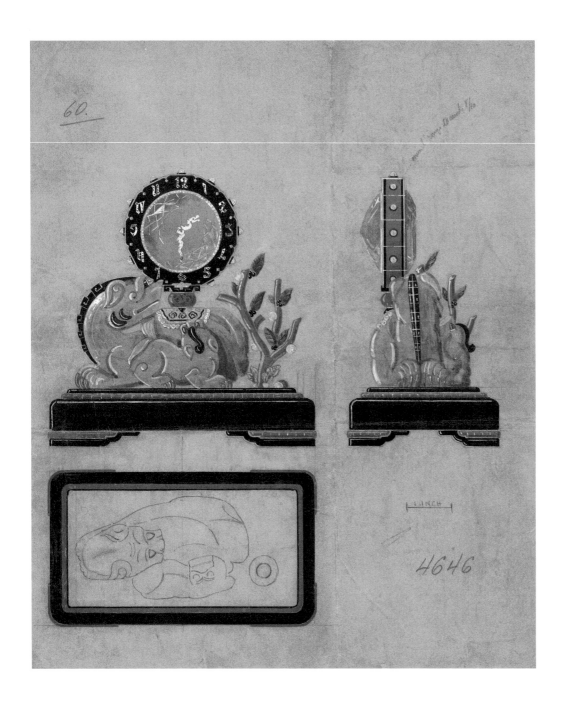

艺术家笔下的神秘钟，1929年。
米色描图纸上的石墨及水粉画。
饰以K金、珐琅、软玉、红珊瑚宝石、
缟玛瑙、黄晶、珍珠及钻石。雕刻
玛瑙客迈拉。（19世纪中国）。

"客迈拉"神秘钟

1926年，卡地亚纽约

K金，铂金，黄水晶，玛瑙，软玉，
缟玛瑙，红珊瑚宝石，珍珠，祖母绿，
珐琅，玫瑰花形切割钻石

*8日动力储存长方形机芯，镀金，15枚
宝石轴承，双金属平衡摆轮，宝玑
摆轮游丝。传动轴隐藏于神兽客迈拉下
的珊瑚雕件中。时间调校和上链装
置没于底座下方。*

玛瑙神兽客迈拉来自19世纪的中国。这款
神秘钟是卡地亚于1922–1931年间
以动物或神话生物为主题制作的一系列
共12款时钟里的第六款，此系列部分
作品的创作灵感源自路易十五座钟和
路易十六座钟，其机芯均搭载于动物的
背部。Hans Nadelhoffer笔下的卡地亚
钟表，如"庙门"（"Portique"）
时钟系列，"尽管它们缺少'法贝
奇彩蛋'所蕴含的标志性意义……
但这些'神秘钟'依然会让人们为
之倾倒、着迷。在所有带有卡地亚
标志的收藏品中，它们堪称绝无仅有的
旷世之作。如今，此系列包含四款
经典杰作："大象"时钟，第118页、
"鲤鱼"时钟，第61页、"神像"
时钟，第123页以及"客迈拉"时钟。

17.00 x 13.80 x 7.45 厘米

CM 23 A26

位于和平街13号的展柜，展示"客迈拉"
水晶神秘钟。1927年。

神像神秘自鸣钟
1931年，卡地亚巴黎

铂金，K金，白玉，透明水晶，缟玛瑙，
软玉，珍珠，绿松石，红珊瑚宝石，
珐琅，玫瑰花形切割钻石

*8日动力储存长方形机芯，自鸣装置
（整点和刻钟），镀金，瑞士杠杆式
擒纵系统，双金属平衡摆轮，宝玑摆轮
游丝。上链和时间调校轴设于底座后部。*

玉雕来自19世纪的中国。这款神秘钟是
卡地亚于1922-1931年间以动物或神话
生物为主题制作的一系列共12款时钟里的
最后一款，此系列部分作品的创作灵感
源自路易十五座钟和路易十六座钟，
其机芯均搭载于动物的背部。Hans
Nadelhoffer笔下的卡地亚钟表，如
"庙门"（"Portique"）时钟系列，
"尽管它们缺少'法贝奇彩蛋'所蕴含
的标志性意义……但这些'神秘钟'
依然会让人们为之倾倒、着迷。在所
有带有卡地亚标志的收藏品中，它们
堪称绝无仅有的旷世之作。如今，
此系列包含四款经典杰作："大象"
时钟，第118页、"鲤鱼"时钟，
第61页、客迈拉"时钟，第121页
以及"神像"时钟。

售予保罗•路易•韦勒（Paul Louis Weiller）

35.00 x 28.00 x 14.00 厘米

CM 04 A31

单轴神秘钟
1956年，卡地亚巴黎

K金，铂金，烟晶，玫瑰花形
切割钻石、圆钻和单面切割钻石

8日动力储存长方形机芯，镀金，瑞士
杠杆式擒纵系统，双金属平衡摆轮，
宝玑摆轮游丝。上链和时间调校轴
设于底座后部。

21.00 x 17.00 x 8.50 厘米

CM 15 A56

"盘式"神秘钟
1953年，卡地亚巴黎

K金，铂金，透明水晶，天青石，圆钻
和单面切割钻石。时针呈星形。

8日动力储存圆形机芯，双发条盒，
镀金，瑞士杠杆式擒纵系统，双金属
平衡摆轮，宝玑摆轮游丝。时间调校
与上链装置，掀开6点钟位置下的
盘片即可使用。

直径23.80厘米

CM 21 A53

神秘怀表
1931年，卡地亚巴黎

K金，水晶，珐琅

LeCoultre 409长方形基础机芯，
附加夹板，垂直条纹装饰，镀铑，
15枚宝石轴承，瑞士杠杆式擒纵系统，
双金属平衡摆轮，扁平摆轮游丝。

4.10 x 4.10 厘米

WPC 13 A31

艺术家笔下的三枚神秘怀表，以黄金、玫瑰金及白金打造而成，庆祝卡地亚150周年纪念。1997年。

"150周年纪念"神秘怀表
1997年，卡地亚

K金，水晶

切角正方形机芯，日内瓦波纹（Côtes de Genève）装饰，镀铑，17枚宝石轴承，抗震，瑞士杠杆式擒纵系统，单金属平衡摆轮，扁平摆轮游丝。

直径5.00厘米

ST-WPO 05 A97

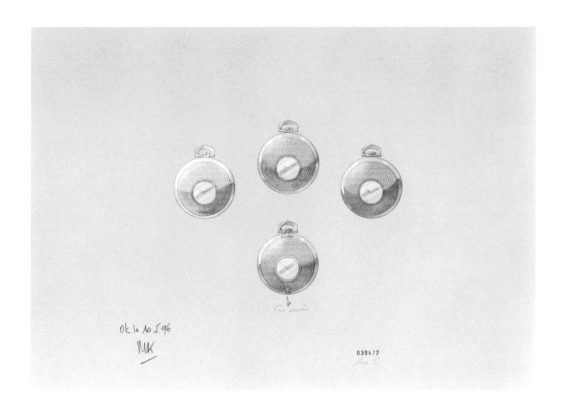

"庙门"重力时钟
1927年，卡地亚巴黎

铂金，K金，缟玛瑙，软玉，红珊瑚
宝石，玉雕，玫瑰花形切割钻石，
红宝石，珐琅

Longines 8日动力储存圆形机芯，瑞士
杠杆式擒纵系统，双金属平衡摆轮，
宝玑摆轮游丝。六点钟位置（VI）
下隐藏着用于调校时间的表冠。

钟壳在两根圆柱间缓缓下降，历时8天
到达底部，此时应手动将其移至顶部。
地球引力而导致的下降是机芯能量
的来源。

来源：芭芭拉•史翠珊（Barbra Streisand）
的收藏品

23.00 x 12.10 x 7.00 厘米

CS 14 A27

磁性"客迈拉"时钟设计图，时钟以
大理石、银、软玉及天青石制成，配以
十八世纪中国雕花玉碗。巴黎，1929年。

磁力台钟
1928年，卡地亚纽约

银，绿色大理石，珐琅

圆形机芯，2个调校项目，7枚宝石轴承，
瑞士杠杆式擒纵系统，单金属平衡摆轮。
机芯驱动表盘下的磁石，磁石带动海龟
沿表盘边缘漂浮，海龟的头指示小时。

13.00厘米（直径）；9.00厘米（高度）

CS 09 A28

微型棱镜时钟
1952年，卡地亚巴黎

K金，透明水晶

*LeCoultre 427*圆形机芯，镀铑，17枚
宝石轴承，瑞士杠杆式擒纵系统，单金
属平衡摆轮，扁平摆轮游丝。唯有从
某一角度面对时钟，表盘才能映射出现。

售予阿里•阿加•汗王子（Prince Ali
Aga Khan）

2.85 x 1.74 x 1.74 厘米

CS 07 A52

取自目录册其中一页，展示一座金棱
镜座钟。卡地亚纽约，1956年。

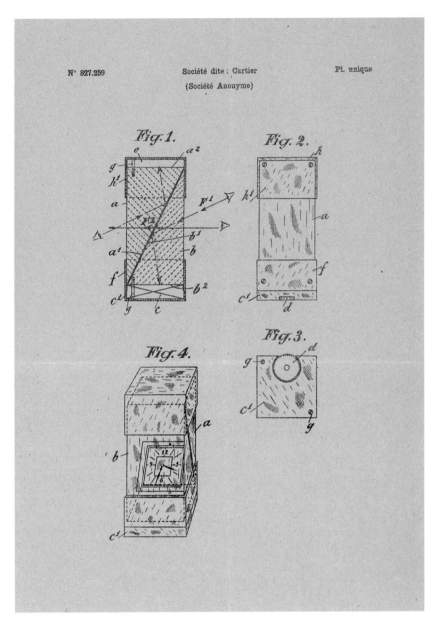

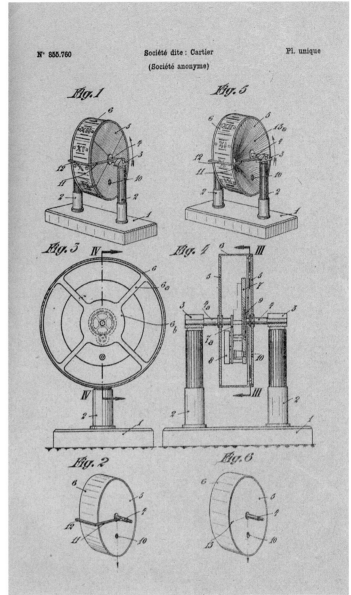

为配合折射及全反射功能的透明物料所
制作的时钟或其它对象申请专利。1937年
申请专利。

神秘钟专利制图，钟内有一小鼓在水平
轴上旋转。1939年。

高级制表系列

引言：
卡地亚高级制表系列

卡地亚高级制表系列代表卡地亚制表传统的最新发展，它延续了卡地亚悠久的制表传统，致力通过时计的设计展现其对机械技术的执着。品牌忠实践行这一设计哲学，创作出具备完美机械性能与设计美学的时计作品。而在卡地亚典藏系列以及卡地亚时间艺术展览中，最能体现这一设计哲学的作品也许要数卡地亚的神秘钟。神秘钟在技术上无疑极其精密复杂，然而复杂本身并不是最重要的，只有当其成为完美整体的一个组成部分时，才能展现其最大价值。卡地亚在创作复杂时计时秉持的是整体应大于所有零件的总和的理念，这在 *Tank*、*Santos*和*Tonneau*等卡地亚最初期的腕表中已可见一斑。在这些作品中，时计的基本功能已与腕表这一独特的设计融为一体。所有这三款腕表均诞生于二十世纪的前20年，当时腕表正逐渐开始取代怀表，成为必不可缺的服装配饰。许多早期为手腕佩戴设计的表仍旧是怀表，只是在表壳上焊接表耳以便安装表带。然而，卡地亚推出的首批腕表从一开始就是明确为手腕佩戴而打造，从表带安装系统的完美整合、独特的机芯设计与尺寸设定，到表款的总体外形，无不清晰地证明这一点。

同样，在技术更精巧的钟表作品中，这种机械技术与美学设计的交汇融合也许是卡地亚制表艺术中最为鲜明且贯穿始终的元素。卡地亚所制作腕表，如*Tank à guichets*腕表，其简约而纯粹的设计与复杂功能完美协调，无论内在还是外在，均出类拔萃。卡地亚的超薄怀表同样体现了外观设计与功能的完美融合——如果没有内部的高品质超薄机芯，其精致的视觉比例和外形特性就无法实现。而在单钮计时码表领域，从1920年代最初的*Tortue*表款，一直到如今搭载9431 MC型机芯的陀飞轮单钮计时码表，卡地亚均充分利用机芯的特性，创制出轮廓极其流畅的计时码表。

在高级制表系列中，最生动体现机械结构与美学设计完美结合理念的表款当属 *Astrorégulateur* 天体恒定重心装置腕表。擒纵机构是腕表必不可缺的组成部分，它行使计时功能，同时发出如同心脏跳动一般的嘀嗒声，昭示机械装置的生命力。在 *Astrorégulateur* 天体恒定重心装置腕表中，擒纵机构被安装在为自动上链系统提供动力的转陀上。如此安排自然有着技术上的理由，可令擒纵机构免受重力的不利影响，令计时性能更加稳定。然而更重要的是，正是由于机芯的功能特性与其设计上的视觉体验完美和谐地融为一体，才能成就一枚出色的 *Astrorégulateur* 天体恒定重心装置腕表。就如同神秘钟一样，我们不可能抛开时计的美学外观而单独地讨论其功能或机械结构，时计的这两方面特性已合二为一，得以完整体现——这也是贯穿整个高级制表系列的理念。

I. *ROTONDE DE CARTIER* ASTROREGULATEUR
天体恒定重心装置腕表：9800 MC型机芯

Rotonde de Cartier Astrorégulateur
天体恒定重心装置腕表
Rotonde de Cartier腕表

时、分显示，转陀驱动擒纵机构，
可保证腕表处于垂直位置不受
地心引力的影响。
铌钛合金表壳。
编号限量发售50枚。

钛金属圆珠形表冠，镶嵌凸圆形蓝宝石；
蓝宝石水晶镜面；深灰色电镀雕纹表盘；
剑形蓝钢指针；蓝宝石水晶透明表背。
直径：50毫米，厚度：18毫米。黑色
鳄鱼皮表带，18K白K金折叠表扣，
防水3巴（30米）。
卡地亚9800 MC型自动上链机械机芯，
带独立编号，含281个零件及43枚
红宝石轴承。直径：35.8毫米，厚度：
10.1毫米，摆轮振频：每小时21 600次，
动力储存约54小时。

W1556211

*Astrorégulateur*天体恒定重心装置腕表是高级
制表系列的最新成员之一，这款腕表解决了
一大制表难题：如何妥善处理地心引力对表内
擒纵机构的影响。腕表在佩戴时会处于不同
位置，由于地心引力对游丝、摆轮及其它擒纵
部件均有影响，因此腕表的速率会因所处位置
的不同而有所差异。

陀飞轮是迄今为止解决这一难题的主要方法。
游丝、摆轮、擒纵机构及擒纵轮等受地心
引力影响的零件均置于陀飞轮的旋转框架内。
由于陀飞轮框架在旋转过程中，各零件在垂直
位置上受到引力影响的不同速率得以相互
抵消，得到唯一的平均速率，制表技师将能够
相对容易地将该速率调节至接近水平状态。

很多人误以为陀飞轮能够消除地心引力对
腕表的影响，然而严格来说，陀飞轮是有
效平均了垂直位置上的计时误差。

卡地亚于2011年创作了9800 MC型
Astrorégulateur 天体恒定重心装置机芯，为垂直
位置时地心引力产生的影响带来了崭新的解决
方案。无论是传统的、还是现代的自动上链
腕表中，自动上链系统的转陀不论处于何种
垂直位置时，总是能够返回同一位置。

*Astrorégulateur*天体恒定重心装置腕表充分
利用了这个特点，将最敏感的擒纵部件如第四
齿轮、擒纵轮、摆轮和游丝置于转陀上。
因此，腕表在使用时处于垂直位置，擒纵部件
均能够维持于同一位置上。这样一来，其结果
不是平均计时误差，而是避免造成任何误差。

要在自动上链系统的转陀上装置擒纵部件，
需要运用结构非常独特的机芯，而运转轮系的
配置更是十分罕见，其转陀并非如惯常置于
底盖，而是设置于表盘之上。*Astrorégulateur*
天体恒定重心装置腕表的上链和擒纵部件透过
表盘上的大显示窗清晰可见。骤眼看来，秒针
是于固定表盘上运转，但当佩戴者仔细观察，
便会发现秒针是于转陀上运转。因此，擒纵
部件便好像形成了"表中表"，在上链机构
自由运作下，更看似脱离了主表盘，让人深感
惊奇——擒纵机构如何从主发条获取动力。

运转轮系的齿轮无可避免地受转陀的运作所
干扰，除非找到方法抵消齿轮系中的转陀
振动，否则这将成为传送动力至擒纵机构的
一大难题。针对这个问题，*Astrorégulateur*天体
恒定重心装置机芯运用了差动传输机制，以机
械方式抵消了摆陀的转动，并确保动力可持续
稳定地传送至擒纵机构。位于拉夏德芳的

卡地亚腕表工作坊花费五年时间研发出这款全新卡地亚腕表工作坊精制机芯，并为此复杂装置成功申请四项专利。

这项设计不仅结构复杂，其外观亦具有十足的吸引力。*Astrorégulateur* 天体恒定重心装置腕表除了与计时学和陀飞轮在技术上有所关联外，在美学上，这款腕表更完美传承了神秘钟的特点，其指针移动看似悬浮于表盘上，与任何零件并无连接。

Rotonde de Cartier Astrorégulateur 天体恒定重心装置腕表的表壳直径为50毫米，并采用了卡地亚概念腕表 *Cartier ID One* 的创新材质——铌钛合金。该材质能有效地抵消碰撞的影响，从而增强对机芯的保护，而且非常轻巧，赋予 *Rotonde de Cartier Astrorégulateur* 天体恒定重心装置腕表极佳的佩戴舒适感。

9800 MC型机芯摆陀上的
固定振子

9800 MC型机芯微型
摆陀上的擒纵机构

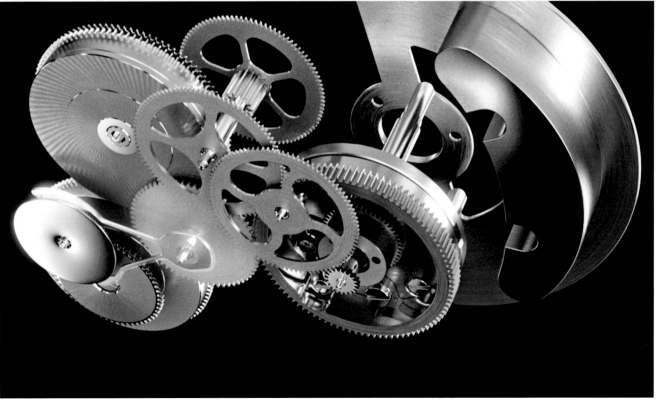

9800 MC型机芯自动上链
机制

II.　卡地亚高级复杂功能镂空机芯9436 MC型机芯：*ROTONDE DE CARTIER*及*CALIBRE DE CARTIER*高级复杂功能镂空腕表

Calibre de Cartier 高级复杂功能镂空腕表
Calibre de Cartier 腕表

镂空装饰搭载陀飞轮，单钮计时码表
功能，万年历和8日动力储存功能。
950/1000铂金表壳。
编号限量发售25枚。

950/1000铂金八角形表冠，镶嵌多切面
蓝宝石；蓝宝石水晶镜面；K金表盘；
剑形蓝钢指针。蓝宝石水晶透明表背。
直径：45毫米，厚度：18.7毫米。黑色
鳄鱼皮表带，950/1000铂金折叠表扣，
防水3巴（30米）。
卡地亚9436 MC型手动上链机械机芯，
带独立编号，含457个零件及37枚红宝石
轴承。直径：34.6毫米，厚度：10.25
毫米，摆轮振频：每小时21 600次，
约8日动力储存。

W7100031

9436 MC型机芯将镂空"结构"与单钮计时码表、万年历、陀飞轮及八日动力储存等复杂功能完美结合，堪称非凡杰作。

设置于9点钟位置的陀飞轮每隔一分钟于C形表桥下旋转一圈。这款表桥采用一种镜面抛光或暗抛光的钢件修饰技术，应用这项技术后，表面在不同观看角度下会呈现出全黑、全白或全灰色。这项技术全以手工完成，是高级制表中最复杂的修饰工艺之一，即使轻轻玷污抛光物料（例如细微的钻石粉末），便足以在修饰表面上留下明显的刮痕。镜面抛光钢件系一项传统修饰工艺，应用于9436 MC型机芯的457个零件中。单是一枚机芯的修饰工作，便是逾200小时娴熟技艺的成果。由于9436 MC型机芯采用镂空技术，机芯需要修饰的表面数目因此增加，而精致准确的修饰便成为成功打造完美腕表的关键所在。

单钮计时码表的结构是卡地亚的一大标志；在卡地亚的历史中，单钮计时码表首见于1929年问世、搭载*Tortue*表壳的首枚卡地亚计时腕表。这款码表摒弃了表壳外部任何冗赘的按钮，令设计更见优雅；轻轻一按表冠更可启动、停止或重设计时码表。

导柱轮结构是协调各计时功能的最佳方法。尽管导柱轮的制作更为繁复，然而在操作时却更加顺畅。导柱轮系统配合传统横向耦合装置，将主运转轮系与计时功能连接，佩戴者可以直接透过蓝宝石水晶透明表背观看其精妙的运作。

万年历不仅能按月份长度显示正确日期，更能准确地显示闰年的二月份日期。万年历装置考虑到各月份的不同长度，以及公历为配合每年约有365.25天的实际情况，每四年调节一次的闰年周期。9436 MC型机芯的万年历显示亦会瞬间转跳，显示一目了然，但由于转跳显示是由主发条驱动，因此在调校腕表时需要倍加谨慎，以免影响腕表的准确性。

为清楚观赏到机芯的细节，9436 MC型机芯采用手动上链方式，从而无需摆陀，并同时配备八日动力储存，确保日历能够持续运作。纵然理论上，机芯运行时间会长于八日，但机芯亦搭载了停止运行装置，以避免撷取最后的动力储存，确保只会用到部分主发条动力，具备最佳扭矩以维持准确恒定的振幅。9436 MC型机芯搭载于卡地亚品牌两大美学杰作：*Rotonde de Cartier*及*Calibre de Cartier*铂金款式。

Rotonde de Cartier高级复杂功能
镂空腕表
Rotonde de Cartier腕表

陀飞轮，单钮计时码表功能，
万年历和8日动力储存功能。
950/1000铂金表壳。
编号限量发售30枚。

950/1000铂金圆珠形表冠，镶嵌凸圆形
蓝宝石；蓝宝石水晶镜面；K金表盘；
苹果形蓝钢指针；蓝宝石水晶透明表背。
直径：43.5毫米，厚度：16.25毫米。
黑色鳄鱼皮表带，950/1000铂金折叠
表扣，防水3巴（30米）。
卡地亚9436 MC型手动上链机械机芯，
带独立编号，含457个零件及37枚
红宝石轴承。直径：33.8毫米，厚度：
10.25毫米，摆轮振频：每小时21 600次，
约8日动力储存。

W1580017

*ROTONDE DE CARTIER*陀飞轮单钮计时码表: 9431 MC型机芯

Rotonde de Cartier陀飞轮单钮计时码表
Rotonde de Cartier腕表

陀飞轮和单钮计时秒表功能。
950/1000铂金表壳。
编号限量发售50枚。

950/1000铂金圆珠形表冠，镶嵌凸圆形
蓝宝石；蓝宝石水晶镜面；深灰色电镀
雕纹表盘。剑形蓝钢指针。蓝宝石水晶
透明表背。直径：45毫米，厚度：15.7
毫米。黑色鳄鱼皮表带，950/1000铂金
折叠表扣，防水3巴（30米）。
卡地亚9431 MC型手动上链机械机芯，
带独立编号，含253个零件及25枚红宝石
轴承。尺寸：32.3 x 32.1 毫米，厚度：
7.65毫米，摆轮振频：每小时21 600次，
动力储存约72小时。

W1580007

鉴于陀飞轮十分罕有，而确保计时码表的计时
功能准确无误亦需解决种种技术难题，因此
计时码表和陀飞轮很少出现于同一枚腕表
之中。此外，由于陀飞轮搭载了额外的框架
组件，以及其它附带零件（擒纵轮、杠杆、
游丝和平衡摆轮），相较非陀飞轮腕表而言，
需要从主发条中获取更多动力，而此技术问题
在计时码表中显得更为棘手。计时装置有如
秒表，启动后会从腕表的运转轮系中撷取所需
动力，因而减低了擒纵机构可获取的扭矩。
这通常导致摆轮振幅变小，但对调试良好的
计时码表而言，这对腕表的准确度影响甚微。

由于启动计时码表后存在扭矩不足的风险，
所以在配置陀飞轮的计时码表必须经过悉心
构思及调试。凭借*Rotonde de Cartier*陀飞轮
单钮计时码表，卡地亚在不影响计时功能的
情况下，完美结合了这两项复杂装置，成功
解决了传统制表的一大难题。

结合陀飞轮和计时码表是十分罕见的做法，
而将陀飞轮融于单钮计时码表更是极其独特的
尝试；问世于2005年的9431 MC型机芯，是首
枚结合这两项复杂装置的腕表机芯。

***Rotonde de Cartier*陀飞轮单钮计时码表**
*Rotonde de Cartier*腕表

陀飞轮和单钮计时码表功能。
18K玫瑰金表壳。
编号限量发售50枚。

18K玫瑰金圆珠形表冠，镶嵌凸圆形
蓝宝石；蓝宝石水晶镜面；深灰色电镀
雕纹表盘。剑形蓝钢指针。蓝宝石水晶
透明表背。直径：45毫米，厚度：15.7
毫米。棕色鳄鱼皮表带，18K玫瑰金折叠
表扣，防水3巴（30米）。
卡地亚9431 MC型手动上链机械机芯，
带独立编号，含253个零件及25枚红宝石
轴承。尺寸：32.3 x 32.1 毫米，厚度：
7.65毫米，摆轮振频：每小时21 600次，
动力储存约72小时。

W1580032

IV. *PASHA DE CARTIER* 八日动力储存陀飞轮计时码表：
9438 MC型机芯

Pasha de Cartier 八日动力储存陀飞轮计时码表
*Pasha de Cartier*腕表

陀飞轮计时码表和8日动力储存功能。
18K白K金表壳。
编号限量发售50枚。

18K白K金凹槽表冠，镶嵌凸圆形蓝宝石；
蓝宝石水晶镜面；深灰色电镀雕纹表盘；
菱形蓝钢指针；蓝宝石水晶透明表背。
直径：46毫米，厚度：15.3毫米。黑色
鳄鱼皮表带，18K白K金折叠表扣，防水
3巴（30米）。
卡地亚9438 MC型手动上链机械机芯，
带独立编号，含318个零件及31枚红宝石
轴承。直径：34.6毫米，厚度：8.15
毫米，摆轮振频：每小时21 600次，
约8日动力储存。

W3030013

在众多卡地亚经典腕表中，*Pasha*系列是较新的成员。*Tank*、*Santos*、*Cloche*、*Baignoire*和*Tortue*系列设计早见于二十世纪初的三十年，而首枚*Pasha*防水圆形腕表则于1943年问世，及后更成为*Pasha*系列设计的灵感源泉。

如今的*Pasha*腕表与最初的设计十分相近，同样配备圆形表壳，并搭载独特的旋入式表冠，以及连接表壳的短链。*Pasha*八日动力储存陀飞轮计时码表秉承*Pasha*系列搭载复杂功能的传统。而于1990年面世的*Pasha*腕表，同时搭载手动上链万年历、三问装置和月相显示，堪称卡地亚有史以来最复杂的钟表之一。

*Pasha*八日动力储存陀飞轮计时码表，同高级复杂功能镂空腕表一样，主发条上附带停止运作机制，使机芯于八天运转周期结束后自动停止运转，确保只会用到部分的主发条扭矩，以维持最佳的计时精准度和稳定的振幅。

计时装置运用导柱轮系统，以协调计时码表的启动、停止或重设功能，并配合传统横向耦合装置，连接主运转轮系与计时功能，佩戴者可以直接透过蓝宝石水晶透明表背观看其精妙的运作。连接上链表冠盖的附链整合于两个计时按钮下方。透过表盘上显示窗，陀飞轮清晰可见，陀飞轮每分钟旋转一次，使秒针得以固定于三臂框架的上枢轴（同时令陀飞轮置于一般双表盘计时码表的秒针显示位置上）。陀飞轮由上陀飞轮桥固定，并采用镜面抛光的高级钟表修饰工艺，经过多个小时逐渐细致的抛光后，钢件表面会形成镜面效果。其它的腕表部件亦同样经过悉心处理，其中包括抛光精钢发条、手工倒角打磨夹板及表桥，以及其它传统高级钟表修饰工艺均用于装饰计时传动系统的部件。至于时针、分针、秒针、计时秒针和动力储存显示亦全经手工烤蓝处理（用于高级制表系列的所有蓝钢指针）。

V. ROTONDE DE CARTIER及CALIBRE DE CARTIER ASTROTOURBILLON天体运转式陀飞轮腕表：9451 MC型机芯

Calibre de Cartier Astrotourbillon
天体运转式陀飞轮腕表
Calibre de Cartier 腕表

*Astrotourbillon*天体运转式陀飞轮。
钛金属表壳。
编号限量发售100枚。

钛金属八角形表冠，镶嵌多切面蓝宝石；
蓝宝石水晶镜面；银色雕纹表盘。剑形
蓝钢指针。蓝宝石水晶透明表背。直径：
47毫米，厚度：19毫米。黑色鳄鱼
皮表带，18K白K金折叠表扣，防水3巴
（30米）。
卡地亚9451 MC型手动上链机械机芯，
带独立编号，含187个零件及23枚红宝石
轴承。直径：40.1毫米，厚度：9.01
毫米，摆轮振频：每小时21 600次，
动力储存约48小时。

W7100028

历年来，卡地亚透过造型各异的腕表设计、非凡卓越的复杂功能和机械装置，彰显出品牌的创新精神。卡地亚*Astrotourbillon*天体运转式陀飞轮机芯有别于传统的陀飞轮，呈现出与众不同的美学效果。

在传统的陀飞轮中，平衡摆轮的中心与陀飞轮框架的旋转中心置于同一轴上。由于框架每分钟旋转一圈，因此指针能够轻易地固定于陀飞轮框架的上枢轴，从而显示秒钟。然而，在卡地亚*Astrotourbillon*天体运转式陀飞轮机芯中，其平衡摆轮本身便能发挥秒针的功能，每分钟围绕表盘旋转一圈。卡地亚腕表工作坊花费五年时间，克服此独特陀飞轮的多项技术挑战。

制作陀飞轮在过去被视为极具挑战性的任务（只有少数制表技师从事这项工作），难度在于在于如何使陀飞轮运转起来。陀飞轮的框架不仅承载平衡摆轮的组件，同时承载杠杆（或其它擒纵部件）和擒纵轮。推动框架组件和其它承载部分的组件需要从主发条中撷取相当多的额外动力，以确保平衡摆轮的振幅足够维持精准的计时工作。故此，为了传送足够动力至擒纵机构，陀飞轮的所有零件必须达致最高精确度，以减少由摩擦

力引起的动力损耗。框架及其它承载组件亦必须尽量轻巧，以降低惯性载荷至最低水平。

透过采用大尺寸的陀飞轮框架，框架的中轴成为机芯夹板的中心，展现出*Astrotourbillon*天体运转式陀飞轮腕表独特的美学效果。分针和时针与框架（充当秒针，每分钟旋转一圈）均置于同一轴上。在传统陀飞轮中，平衡摆轮轴设于框架的旋转中心，而于*Astrotourbillon*天体运转式陀飞轮机芯的平衡摆轮则安装于框架的其中一个臂尾上。分层表盘遮盖了大部分的框架，唯一可见的组件是平衡摆轮，每六十秒围绕表盘转动一周。

*Astrotourbillon*天体运转式陀飞轮机芯的大尺寸框架采用诸多创新机械技术。例如，框架采用钛金属制成，其低密度和较高硬度均非常适合制表需要，而整个框架的总重量仅为0.39克（不包括设于平衡摆轮对面、隐藏于上表盘底部的铂金平衡块）。为确保陀飞轮的动力稳定，框架必须与主夹板上运转轮系的固定第四齿轮完全同轴；因此，在进行最后组装前，整个机芯已预先装配，并确保这两个主要部件处于同轴位置。为实现陀飞轮腕表预期的精准计时性能，擒纵机构会进行两次调试，首次于未装载陀飞轮的机芯中测试；

之后再于腕表最后校准和调节过程中测试。

*Astrotourbillon*天体运转式陀飞轮机芯的良好结构大大降低外力撞击的影响。根据国际标准，抗震腕表需承受相当于3000克的瞬间减速力，这亦等于腕表从一米高处掉落实木地面的冲击力。尽管卡地亚并未有将*Astrotourbillon*天体运转式陀飞轮腕表纳入运动腕表之列，但其抗震力却高达5000克。

对鉴赏家而言，如何区分*Astrotourbillon*天体运转式陀飞轮腕表是个有趣的问题。陀飞轮可分为两种基本设计：第一款的平衡摆轮和固定第四齿轮处于同轴位置，而另一款通常称为卡罗素陀飞轮，两个部件则并非置于同一轴上。*Astrotourbillon*天体运转式陀飞轮框架的旋转轴心置于机芯中央，故此这款机芯更适合称为"中央卡罗素陀飞轮"，属最罕有的陀飞轮种类之一。透过经典的*Rotonde de Cartier*玫瑰K金及白K金表壳，或更具动感的*Calibre de Cartier*钛金属表壳，让佩戴者细赏此款独特陀飞轮框架的精致美态。

Rotonde de Cartier Astrotourbillon
天体运转式陀飞轮腕表
Rotonde de Cartier腕表

*Astrotourbillon*天体运转式陀飞轮。
18K白K金表壳。

18K白K金圆珠形表冠，镶嵌凸圆形
蓝宝石；蓝宝石水晶镜面；银色雕纹
表盘。剑形蓝钢指针。蓝宝石水晶透明
表背。直径：47毫米，厚度：15.5毫米。
黑色鳄鱼皮表带，18K白K金折叠表扣，
防水3巴（30米）。
卡地亚9451 MC型手动上链机械机芯，
带独立编号，含187个零件及23枚
红宝石轴承。直径：40.1毫米，厚度：
9.01毫米，摆轮振频：每小时21 600次，
动力储存约48小时。

W1556204

Rotonde de Cartier Astrotourbillon
天体运转式陀飞轮腕表
*Rotonde de Cartier*腕表

*Astrotourbillon*天体运转式陀飞轮。
18K玫瑰K金表壳。

18K玫瑰K金圆珠形表冠，镶嵌凸圆形
蓝宝石；蓝宝石水晶镜面；银色雕纹
表盘。剑形蓝钢指针。蓝宝石水晶透明
表背。直径：47毫米，厚度：15.5毫米。
棕色鳄鱼皮表带，18K玫瑰K金折叠表扣，
防水3巴（30米）。
卡地亚9451 MC型手动上链机械机芯，
带独立编号，含187个零件及23枚
红宝石轴承。直径：40.1毫米，厚度：
9.01毫米，摆轮振频：每小时21 600次，
动力储存约48小时。

W1556205

Pasha de Cartier 浮动式陀飞轮镂空腕表
*Pasha de Cartier*腕表

搭载浮动式陀飞轮，阿拉伯数字形镂空表桥。
18K白K金表壳。
编号限量发售100枚。

18K白K金凹槽表冠，镶嵌凸圆形蓝宝石；蓝宝石水晶镜面；阿拉伯数字形镂空表桥；剑形蓝钢指针；蓝宝石水晶透明表背。直径：42毫米，厚度：10.1毫米。黑色鳄鱼皮表带，18K白K金折叠表扣，防水3巴（30米）。
卡地亚9457 MC型手动上链机械机芯，镌刻"日内瓦优质印记"，带独立编号，含175个零件及19枚红宝石轴承。直径：33.5毫米，厚度：5.48毫米，摆轮振频：每小时21 600次，动力储存约50小时。

W3030021

卡地亚采用浮动式陀飞轮搭载于镂空陀飞轮机芯。在传统的陀飞轮中，表桥会部分遮挡陀飞轮，使人无法欣赏陀飞轮的完整运转，但浮动式陀飞轮却不存在这个问题。因此，美观因素成为了浮动式陀飞轮的存在主因。为了衬托浮动式陀飞轮，卡地亚打造了其最引人注目的镂空机芯：9455 MC型及9457 MC型机芯。这两款机芯分别搭载于*Rotonde de Cartier*及*Pasha*浮动式陀飞轮镂空腕表。

卡地亚浮动式陀飞轮镂空腕表彰显出镂空机芯工艺的一大主要特色：通透感。创作镂空机芯的一大难题是尽可能减少物料的使用，同时保持结构完整，以确保机芯运作正常。从计时角度看，相对坚固的结构是理想的做法，然而镂空机芯却主张减少物料以提升视觉效果。故此，技师打造镂空机芯时必须平衡这两大矛盾。

搭载镂空机芯的浮动式陀飞轮腕表结合了高级制表的两大非凡工艺，两者不但相辅相成，更展示出极高的制表造诣——精巧通透的镂空机芯，配合简洁精致的浮动式陀飞轮，营造出独一无二的视觉效果。

*Rotonde de Cartier*浮动式陀飞轮镂空腕表搭载9455 MC型机芯，这款机芯设计灵感来自获"日内瓦优质印记"的9452 MC型浮动式陀飞轮机芯。"日内瓦优质印记"对修饰工艺订立了严格要求，以确保镂空机芯的各个结构细节完美无瑕，而腕表内件必须全无遮挡。由于镂空过程亦会产生出大量额外需精心修饰的表面，故此技师在创作时必须倍加谨慎。*Rotonde de Cartier*浮动式陀飞轮镂空机芯呈罗马数字形状，使表盘与机芯融为一体。

与*Rotonde de Cartier*浮动式陀飞轮镂空腕表同样卓越表款的还有*Pasha*浮动式陀飞轮镂空腕表。

*Pasha*浮动式陀飞轮镂空腕表采用了方形的内上表桥，以及三个特大阿拉伯数字，在造型上形成强烈对比。*Pasha* 9457 MC型机芯亦达致最高修饰标准。所有运转轮系的部件、陀飞轮框架上部的镜面抛光卡地亚"C"字型部件、以及用于上链和设定的齿轮盖，均完美展现出"日内瓦优质印记"的经典腕表修饰工艺。

**Rotonde de Cartier 浮动式陀飞轮镂空
腕表**
Rotonde de Cartier腕表

搭载浮动式陀飞轮，罗马数字形
镂空表桥。
18K白K金表壳。
编号限量发售100枚。

18K白K金圆珠形表冠，镶嵌凸圆形
蓝宝石；蓝宝石水晶镜面；罗马数字形
镂空表桥。剑形蓝钢指针。蓝宝石水晶
透明表背。直径：45毫米，厚度：12.35
毫米。黑色鳄鱼皮表带，18K白K金
折叠表扣，防水3巴（30米）。
卡地亚9455 MC型手动上链机械机芯，
镌刻"日内瓦优质印记"，带独立编号，
含165个零件及19枚红宝石轴承。直径：
35.5毫米，厚度：5.63毫米，摆轮振频：
每小时21 600次，动力储存约50小时。

W1580031

VII. 卡地亚浮动式陀飞轮9452 MC型机芯

浮动式陀飞轮9452 MC型机芯是卡地亚制表
历史的重要里程碑。此荣获著名"日内瓦
优质印记"（Poinçon de Genève）的卡地亚
工作坊精制陀飞轮，不仅延续了路易·卡地亚
自二十世纪初的愿景，将卡地亚打造成卓越的
高级制表品牌，更同时融合娴熟制表工艺和
经典修饰技术，展现出卡地亚独特的美学
典范。

9452 MC 型机芯亦是卡地亚首枚获"日内瓦
优质印记"的机芯。机芯必须产于日内瓦
行政区内，其构造和修饰必须达到特定的
标准。才能获得"日内瓦优质印记"。印记
图案为日内瓦州盾形纹章，并由隶属于日内瓦
制表学校（Geneva Watchmaking School）的
独立检查机构负责监管。"日内瓦优质印记"
旨在证明机芯的原产地以及高度的制表水准。
早于1886年，日内瓦制表学校已被授权检测
并为机芯颁发日内瓦优质印记。2011年，
"日内瓦优质印记"迎来其125周年纪念。

运转轮系的珠宝镶嵌是"日内瓦优质印记"
规程的其中一项要求，规订所有珠宝需镶
嵌于抛光锥形钻口；运转轮应上下倒角并
带抛光槽口；候选机芯亦不得使用弹簧
发条。"日内瓦优质印记"对机芯构造和

修饰的要求更为严苛，例如，禁止弹簧发条的
规定，意味着机芯必须以外形完美的回火抛
光钢发条代替。

陀飞轮是一项少见的复杂功能，浮动式陀飞轮
更是异常罕有。9452 MC型机芯没有上表桥，
整个框架由主夹板的单轴支撑。框架呈卡地亚
"C"字型，每分钟旋转一圈，兼具秒针功能。

9452 MC型浮动式陀飞轮机芯可见于*Ballon Bleu
de Cartier*、*Tank Américaine*、*Santos 100* 及
*Calibre de Cartier*腕表中，这项标志性的复杂
功能，充分反映卡地亚对"高级制表"的承诺。

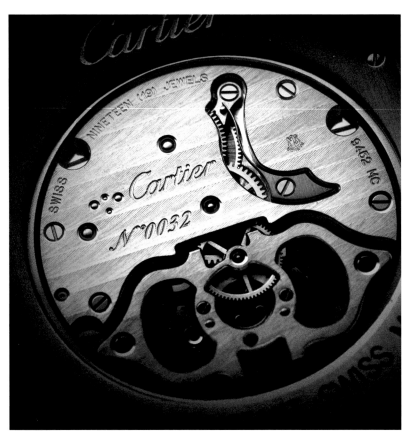

Ballon Bleu de Cartier 浮动式陀飞轮腕表
Ballon Bleu de Cartier 腕表

浮动式陀飞轮，"C"字型陀飞轮
框架兼具秒钟显示功能。
18K玫瑰K金表壳。

18K玫瑰K金圆珠形表冠，镶嵌凸圆形
蓝宝石；蓝宝石水晶镜面；深灰色电镀
雕纹表盘。剑形蓝钢指针。蓝宝石水
晶透明表背。直径：46毫米，厚度：
12.9毫米。棕色鳄鱼皮表带，18K玫瑰
K金折叠表扣，防水3巴（30米）。
卡地亚9452 MC型手动上链机械机芯，
镌刻"日内瓦优质印记"，带独立编号，
含142个零件及19枚红宝石轴承。直径：
24.5毫米，厚度：5.45毫米，摆轮振频：
每小时21 600次，动力储存约50小时。

W6920001

Calibre de Cartier浮动式陀飞轮腕表
Calibre de Cartier腕表

浮动式陀飞轮，"C"字型陀飞轮
框架兼具秒钟显示功能。
18K白K金表壳。

18K白K金八角形表冠，镶嵌多切面
蓝宝石；蓝宝石水晶镜面；深灰色电
镀雕纹表盘。剑形蓝钢指针。蓝宝石水
晶透明表背。直径：45毫米，厚度：
10.8毫米。黑色鳄鱼皮表带，18K白K金
折叠表扣，防水3巴（30米）。
卡地亚9452 MC型手动上链机械机芯，
镌刻"日内瓦优质印记"，带独立编号，
含142个零件及19枚红宝石轴承。直径：
24.5毫米，厚度：5.45毫米，摆轮振频：
每小时21 600次，动力储存约50小时。

W7100003

Calibre de Cartier浮动式陀飞轮腕表
Calibre de Cartier腕表

浮动式陀飞轮，"C"字型陀飞
轮框架兼具秒钟显示功能。
18K玫瑰K金表壳。

18K玫瑰K金八角形表冠，镶嵌多切面
蓝宝石；蓝宝石水晶镜面；深灰色
电镀雕纹表盘。剑形蓝钢指针。蓝宝石
水晶透明表背。直径：45毫米，厚度：
10.8毫米。棕色鳄鱼皮表带，18K玫瑰
K金折叠表扣，防水3巴（30米）。
卡地亚9452 MC型手动上链机械机芯，
镌刻"日内瓦优质印记"，带独立编号，
含142个零件及19枚红宝石轴承。直径：
24.5毫米，厚度：5.45毫米，摆轮振频：
每小时21 600次，动力储存约50小时。

W7100002

192

Santos 100 浮动式陀飞轮腕表
Santos 100 腕表

浮动式陀飞轮，"C"字型陀飞轮
框架兼具秒钟显示功能。
18K玫瑰K金表壳。

18K玫瑰K金八角形表冠，镶嵌多切面
蓝宝石；蓝宝石水晶镜面；深灰色电
镀雕纹表盘；剑形蓝钢指针。蓝宝石水
晶透明表背。尺寸：46.5 x 54.9毫米，
厚度：16.5毫米。棕色鳄鱼皮表带，
18K玫瑰K金表扣，防水3巴（30米）。
卡地亚9452 MC型手动上链机械机芯，
镌刻"日内瓦优质印记"，带独立编号，
含142个零件及19枚红宝石轴承。直径：
24.5毫米，厚度：5.45毫米，摆轮振频：
每小时21 600次，动力储存约50小时。

W2020019

Santos 100 浮动式陀飞轮腕表
Santos 100 腕表

浮动式陀飞轮，"C"字型陀飞轮
框架兼具秒钟显示功能。
18K白K金表壳。

18K白K金八角形表冠，镶嵌多切面
蓝宝石；蓝宝石水晶镜面；深灰色
电镀雕纹表盘；剑形蓝钢指针。蓝宝石
水晶透明表背。尺寸：46.5 x 54.9
毫米，厚度：16.5毫米。黑色鳄鱼
皮表带，18K白K金表扣，防水3巴
（30米）。
卡地亚9452 MC型手动上链机械机芯，
镌刻"日内瓦优质印记"，带独立
编号，含142个零件及19枚红宝石轴承。
直径：24.5毫米，厚度：5.45毫米，
摆轮振频：每小时21 600次，动力
储存约50小时。

W2020017

Tank Américaine浮动式陀飞轮腕表
Tank Américaine腕表

浮动式陀飞轮，"C"字型陀飞轮
框架兼具秒钟显示功能。
18K白K金表壳。

18K白K金八角形表冠，镶嵌多切面
蓝宝石；矿物水晶镜面；深灰色电
镀雕纹表盘；剑形蓝钢指针。蓝宝石
水晶透明表背。尺寸：35.8 x 52毫米，
厚度：13.3毫米。黑色鳄鱼皮表带，
18K白K金折叠表扣，防水3巴（30米）。
卡地亚9452 MC型手动上链机械机芯，
镌刻"日内瓦优质印记"，带独立编号，
含142个零件及19枚红宝石轴承。直径：
24.5毫米，厚度：5.45毫米，摆轮振频：
每小时21 600次，动力储存约50小时。

W2620007

Tank Américaine浮动式陀飞轮腕表
*Tank Américaine*腕表

浮动式陀飞轮，"C"字型陀飞轮
框架兼具秒钟显示功能。
18K玫瑰K金表壳。

18K玫瑰K金八角形表冠；矿物水晶镜面；
深灰色电镀雕纹表盘；剑形蓝钢指针。
蓝宝石水晶透明表背。尺寸：35.8 x 52
毫米，厚度：13.3毫米。棕色鳄鱼皮
表带，18K玫瑰K金折叠表扣，防水
3巴（30米）。
卡地亚9452 MC型手动上链机械机芯，
镌刻"日内瓦优质印记"，带独立编号，
含142个零件及19枚红宝石轴承。直径：
24.5毫米，厚度：5.45毫米，摆轮振频：
每小时21 600次，动力储存约50小时。

W2620008

VIII. TORTUE万年历腕表及CALIBRE DE CARTIER万年历腕表：
9422 MC型机芯

Tortue 万年历腕表
Tortue 腕表

万年历。
18K白K金表壳。

18K白K金八角形表冠，镶嵌多切面
蓝宝石；矿物水晶镜面；深灰色镂空
表盘；苹果形蓝钢指针；蓝宝石水晶
透明表背。尺寸：45.6 x 51毫米，
厚度：16.8毫米。黑色鳄鱼皮表带，
18K白K金折叠表扣，防水3巴（30米）。
卡地亚9422 MC型自动上链机械机芯，
带独立编号，含293个零件及33枚红宝石
轴承。直径：32毫米，厚度：5.88毫米，
摆轮振频：每小时28 800次，动力储存
约52小时。

W1580004

卡地亚工作坊精制的9422 MC型万年历机芯延续了
复杂制表的悠久传统。卡地亚打造过不少巧夺
天工的复杂功能时计，例如著名的*Tortue*单钮计时
码表、超薄三问怀表、世界时间复杂功能表，
以及特别订制的复杂功能表，包括于1926年为
越爱帆船运动的William B. Leeds设计的类似船钟
报时的"船钟"（Marine Repeater）怀表。

万年历被视为三大"复杂功能"之一。万年
历确保腕表在格里高里公历（以教宗格里高里
十三世命名，并由他于1582年2月正式颁布）
结构下，能够适应日历年的不同长度。公历
更正了早期儒略历的误差，改为按太阳年的
365.25天（约数）制定。因此，公历每四年
便会加入二月二十九日这个日子，以弥补
其它日历年中多出的四分之一天。此历法的
好处在于日历可根据四年一闰的基本原则
作出校正。

万年历不仅能校正闰年，更设有全年各月的
正确日数，不论日历月的长短，均可免去
手动更正日期的做法。简单的日历表必须
依仗手动重设任何少于31天的月份，年历亦
必须于闰年重设，而万年历则从来不需重设
（唯一例外是可以100或400整除的年份，
因为按每年365.25天计算会出现分钟误差，
其实际数值应为365.24219天）。

万年历的运转轮系以地球围绕太阳运转的周期
为基础，因而万年历亦被视为天文及日历复杂
功能。

9422 MC型万年历机芯是一枚手动上链机芯，
其日历显示清晰易读且耀眼夺目。*Tortue* 万年历
腕表的指针均以蓝钢制成。闰年及月份一同
显示于12点位置的小表盘，月份则由尖端成
T字型的指针指示。日期显示于表盘圆周的
数字轨道（由于日期显示与时针和分针同轴，
因此需要运用更复杂的技术）。星期则显示
于表盘下半部弧形部分，飞返指针设于6点
位置。机芯采用的中央日期及飞返日期显示，
不单易于阅读，更为表盘带来动感气质。

除*Tortue*表款外，卡地亚于2011年推出*Calibre
de Cartier*万年历腕表，在*Calibre de Cartier*
表壳内搭载卡地亚腕表工作坊精制9422 MC型
机芯，并配备全新表盘，突出这一全新组合的
优雅气质和易读性。

*Calibre de Cartier*万年历腕表一改*Tortue* 万年历
腕表的开放表盘结构及相对正式的设计，转而
采用闭合式表盘设计，并在日历显示中加以
醒目的红色，使该腕表能够轻易辩读复杂
的信息。

Tortue 万年历腕表
Tortue 腕表

万年历。
18K玫瑰K金表壳。

18K玫瑰K金八角形表冠，镶嵌多切面
蓝宝石；矿物水晶镜面；深灰色镂空
表盘；苹果形指针；蓝宝石水晶透明
表背。尺寸：45.6 x 51毫米，厚度：
16.8毫米。棕色鳄鱼皮表带，18K
玫瑰K金折叠表扣，防水3巴（30米）。
卡地亚9422 MC型自动上链机械机芯，
带独立编号，含293个零件及33枚
红宝石轴承。直径：32毫米，厚度：
5.88毫米，摆轮振频：每小时28 800次，
动力储存约52小时。

W1580003

Tortue 万年历腕表
Tortue 腕表

万年历。
18K玫瑰K金表壳。

18K玫瑰K金八角形表冠，镶嵌多切面
蓝宝石；矿物水晶镜面；白色镀银雕纹
表盘；苹果形蓝钢指针；蓝宝石水晶
透明表背。尺寸：45.6 x 51毫米，
厚度：16.8毫米。棕色鳄鱼皮表带，18K
玫瑰K金折叠表扣，防水3巴（30米）。
卡地亚9422 MC型自动上链机械机芯，
带独立编号，含293个零件及33枚
红宝石轴承。直径：32毫米，厚度：
5.88毫米，摆轮振频：每小时28 800次，
动力储存约52小时。

W1580045

*Calibre de Cartier*万年历腕表
*Calibre de Cartier*腕表

万年历。
18K白K金表壳。

18K白K金八角形表冠，镶嵌多切面
蓝宝石；蓝宝石水晶镜面；深灰色电镀
雕纹表盘；剑形蓝钢指针；蓝宝石水晶
透明表背。直径：42毫米，厚度：16.5
毫米。黑色鳄鱼皮表带，18K白K金折叠
表扣，防水3巴（30米）。
卡地亚9422 MC型自动上链机械机芯，
带独立编号，含293个零件及33
枚红宝石轴承。直径：32毫米，厚度：
5.88毫米，摆轮振频：每小时28 800次，
动力储存约52小时。

W7100030

*Calibre de Cartier*万年历腕表
*Calibre de Cartier*腕表

万年历。
18K玫瑰K金表壳。

18K玫瑰K金八角形表冠，镶嵌多切面
蓝宝石；蓝宝石水晶镜面；深灰色电镀
雕纹表盘；剑形蓝钢指针；蓝宝石水晶
透明表背。直径：42毫米，厚度：16.5
毫米。棕色鳄鱼皮表带，18K玫瑰K金折
叠表扣，防水3巴（30米）。
卡地亚9422 MC型自动上链机械机芯，
带独立编号，含293个零件及33枚红宝石
轴承。直径：32毫米，厚度：5.88
毫米，摆轮振频：每小时28 800次，
动力储存约52小时。

W7100029

IX. CALIBRE DE CARTIER多时区腕表：
9909 MC型机芯

Calibre de Cartier 多时区腕表
Calibre de Cartier 腕表

24座城市显示盘，夏令时显示，
时差和昼夜指示。
18K白K金表壳。

18K白K金八角形表冠，镶嵌多切面
蓝宝石；蓝宝石水晶镜面；深灰色
电镀雕纹上表盘；银色下表盘；剑形
蓝钢指针。蓝宝石水晶透明表背。直径：
45毫米，厚度：17.4毫米。黑色鳄鱼
皮表带，18K白K金折叠表扣，防水
3巴（30米）。
卡地亚9909 MC型自动上链机械机芯，
带独立编号，含287个零件及27枚
红宝石轴承。直径：35.1毫米，厚度：
6.68毫米，摆轮振频：每小时28 800次，
动力储存约48小时。

W7100026

世界时间或多时区腕表拥有最实用的复杂
功能，但却有一个共通缺点，就是不能调节
夏冬令时间（有时称为日光节约时间）的
变化。*Calibre de Cartier*多时区腕表是一枚搭配
多时区功能的时计，不仅能够正确显示目的
地及出发地时间，更能按夏冬令时间自动
调校目的地时间的变化。

在制表历史中，多时区表及世界时间表原来
有着截然不同的起源。早期于欧洲制作的世界
时间表可追溯至17世纪初。大型天文钟（例如
在法国贝桑松（Besançon）主教座堂找到的
那座）一般具备显示全球不同城市时间的
表盘。多时区腕表最初并无特定的规律性，
直至较近期的制表史上，由于兴建国家铁路的
关系开始采用时区系统，多时区时钟才逐渐
获得更广泛使用。

首个使用单一时间标准的铁路系统源于
英国。1847年，英国铁路采用了格林威治
标准时间（于17世纪创立的航行时间标准），
及后被称为"铁路时间"（Railway Time）。
首个现代时区系统于1884年获国际子午线会议
（International Meridian Conference）采纳。
鉴于跨境铁路扩展迅速，加上解决了电报这
另一项先进发展的技术难题，时区系统遂应运
而生。电报使时间讯号能够从一个中心位置

瞬间传递至整个铁路网络。1852年，时间讯号
首度从格林威治皇家天文台传送。

二次世界大战临近结束时，乘坐飞机已经
十分普遍，对机组人员、客舱乘务员和旅客
而言，一枚能够同时显示出发地和目的地时间
的腕表作用甚大，因它可应对在长途飞行后的
时区变动。然而，世界时间腕表仍存在缺陷，
就是不能处理现代计时的另一特点：夏冬令
时间，或称为日光节约时间。此系统的现代
版本由新西兰昆虫学家 George Vernon Hudson
于1895年首创，于春夏季期间调快表一小时，
以增加午后日光时间。日光节约时间系统一直
备受争议，且并非世界通行，因此旅客调节
不同时区时会遇上更大难题，例如北美洲和
欧洲不少地区均采用夏冬令时间系统，但
大部分非洲、亚洲和南美洲国家则未有采纳。

*Calibre de Cartier*多时区腕表可自动调节目的地
时间的夏冬令变化，并透过时差指示器显示
出发地和目的地时间相差的小时数目。此外，
时差指示器与城市显示盘同步，可自动调节
夏令或冬令时间。

为使传统设计的世界时间腕表能处理夏冬令
时间，腕表必须各安装一个夏令和冬令的城市
显示盘，但这一般会令读取变得困难，而且

并不雅观。*Calibre de Cartier*多时区腕表巧妙地将各时区的参考城市名字置于圆柱形城市指示盘的侧面，并可透过腕表一侧的蓝宝石窗口读取，有效解决了上述问题。此设计亦有其它优点，例如读取出发地和目的地时间显示时更加方便，表盘亦有足够空间安置逆跳式时差指示器。而最重要的优点则是具有足够空间设置两套24座参考城市的标示，分别显示夏令或冬令时间。

出发地和目的地时间、城市显示盘和时差显示均可独立设置，以协调所有功能，其后按下单钮便可设定目的地时间。

佩戴者只需运用设于表冠的按钮，便能将城市指示盘上的参考城市转换至目的地时区的参考城市，目的地时间指示器会自动调节至正确的目的地时间，而时差显示亦会自动标示出目的地和出发地时区的实际时差。

*Calibre de Cartier*多时区腕表不仅易于读取，操作上亦十分方便，加上其独特的时差指示器能显示出发地和目的地时间的时差，十分适合旅行者佩戴。搭载于*Calibre de Cartier*表壳的卡地亚9909 MC型机芯，更彰显出卡地亚复杂制表的非凡工艺。

Calibre de Cartier 多时区腕表
Calibre de Cartier 腕表

24座城市显示盘，夏令时显示，
时差和昼夜指示。
18K玫瑰K金表壳。

18K玫瑰K金八角形表冠，镶嵌多切面
蓝宝石；蓝宝石水晶镜面；深灰色电镀
雕纹上表盘；银色下表盘；剑形蓝钢
指针。蓝宝石水晶透明表背。直径：
45毫米，厚度：17.4毫米。棕色鳄鱼
皮表带，18K玫瑰K金折叠表扣，防水
3巴（30米）。
卡地亚9909 MC型自动上链机械机芯，
带独立编号，含287个零件及27枚
红宝石轴承。直径：35.1毫米，厚度：
6.68毫米，摆轮振频：每小时28 800次，
动力储存约48小时。

W7100025

**Calibre de Cartier中央区显示计时
功能码表**
*Calibre de Cartier*腕表

中央区显示计时码表功能。
18K玫瑰K金表壳。

18K玫瑰K金八角形表冠，镶嵌多切面
蓝宝石；蓝宝石水晶镜面；深灰色
电镀雕纹表盘。剑形蓝钢指针。蓝宝石
水晶透明表背。直径：45毫米，厚度：
13.3毫米。棕色鳄鱼皮表带，18K玫瑰
K金折叠表扣，防水3巴（30米）。
卡地亚9907 MC型手动上链机械机芯，
带独立编号，含227个零件及35
枚红宝石轴承。直径：25.6毫米，
厚度：7.10毫米，摆轮振频：每小时
28,800次，动力储存约50小时。

W7100004

卡地亚制作的每款腕表复杂功能均别具一格，
然而所贯彻的创作精神却如出一辙。卡地亚
凭借9907 MC型机芯，为这款计时码表赋予
非常独特的表盘结构。大部份计时码表的时针
和分针难免会与计时指针重叠，但9907 MC型
机芯却采用了独特的双表盘系统，让佩戴者
不论在任何情况下均可清晰读时。

尽管计时码表现已非常普及，并配备不同的
结构模式，但在历史上计时码表一直被视为
制作最艰难的复杂功能之一，亦是最后一款
成功研制的主要复杂功能。直至1800年，
万年历、三问报时、天文时差等复杂功能
已相继面世，但首枚计时码表却直至1820年代
才正式投产。卡地亚早期创作的计时码表备受
注目，例如1920年代著名的*Tortue*单钮计时
码表。最早期的计时码表又称为"墨水"计时
码表，因一小滴墨水会落在表盘上，以标示
运行时间。怀表是第一代可携式计时码表，
其系统沿用至今，当中包括操作启动、掣停及
重设功能的导柱轮（或离合轮），以及用作
连接或脱离计时轮系及运转轮系的横向离合
系统。

9907 MC型机芯将新旧计时码表的控制系统
完美融合，机芯同时采用协调计时码表功能的

导柱轮，以及近期研制的垂直离合系统，以便
连接计时轮系及运转轮系。

机芯摒弃了旧式的横向耦合系统（以两套齿轮
横向连接），改为采用垂直离合系统（运用两
块夹板所产生的摩擦力，以连接计时轮系和
运转轮系）。垂直离合系统有着多项优点，
首先，它所需的部件较少（例如不需使用横向
耦合系统必须的制动杆和阻塞杆）。另外，
由于离合系统以摩擦力连接，因此启动计时
码表后，计时秒针便不会"跳动"，而这是
横向离合系统所无法达到的。最后，垂直离合
系统的平衡振频跌幅较少，这不仅有助准确
计时，更方便执行时间较长的计时工作。

*Rotonde de Cartier*中央区显示计时功能码表
最革命性的设计在于其双表盘系统。蓝钢时
针和分针置于表盘下层，而中央计时秒针及
分钟盘则设于另一个中央表盘，此蓝宝石表盘
悬浮于另一表盘之上，仿如浮动于半空之中，
教人联想起卡地亚著名的神秘钟。

踏入2011年，卡地亚隆重推出*Calibre de Cartier*
中央区显示计时功能码表，其计时按钮嵌入于
表冠护肩之中。*Calibre de Cartier* 腕表的中央
计时结构亦做了调整，配以红色双端计时

分针，取代*Rotonde de Cartier*中央区显示计时功能码表的计时盘。尽管表盘的指针及结构不尽相同，*Calibre de Cartier*中央区显示计时功能码表与*Rotonde de Cartier*中央区显示计时功能码表却有着相同的功能，提供清楚可辨的时间和计时显示。

借着推出这两款时计，卡地亚9907 MC型机芯再次成功演绎出传统计时码表复杂功能的非凡精髓。

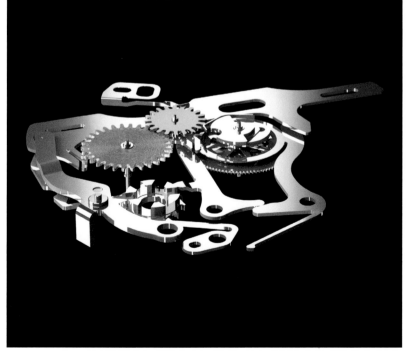

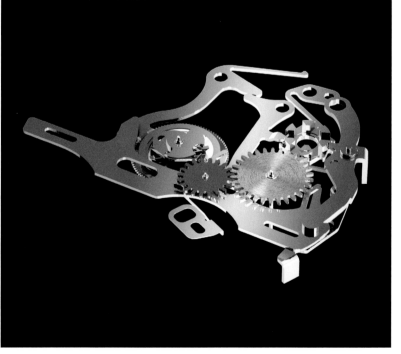

Calibre de Cartier中央区显示计时
功能码表
Calibre de Cartier腕表

中央区显示计时码表功能。
18K白K金表壳。

18K白K金八角形表冠，镶嵌多切面
蓝宝石；蓝宝石水晶镜面；深灰色
电镀雕纹表盘。剑形蓝钢指针。蓝宝石
水晶透明表背。直径：45毫米，厚度：
13.3毫米。黑色鳄鱼皮表带，18K
白K金折叠表扣，防水3巴（30米）。
卡地亚9907 MC型手动上链机械机芯，
带独立编号，含227个零件及35枚
红宝石轴承。直径：25.6毫米，厚度：
7.10毫米，摆轮振频：每小时28 800次，
动力储存约50小时。

W7100005

*Rotonde de Cartier*中央区显示计时
功能码表
Rotonde de Cartier 腕表

中央区显示计时码表功能。
18K白K金表壳。

18K白K金圆珠形表冠，镶嵌凸圆形
蓝宝石；蓝宝石水晶镜面；银色和
深灰色表盘。剑形蓝钢指针。蓝宝石水
晶透明表背。直径：42毫米，厚度：
14.2毫米。黑色鳄鱼皮表带，18K白
K金折叠表扣，防水3巴（30米）。
卡地亚9907 MC型手动上链机械机芯，
带独立编号，含227个零件及35枚
红宝石轴承。直径：25.6毫米，厚度：
7.10毫米，摆轮振频：每小时28 800次，
动力储存约50小时。

W1556051

**Rotonde de Cartier中央区显示计时
功能码表**
Rotonde de Cartier 腕表

中央区显示计时码表功能。
18K玫瑰K金表壳。

18K玫瑰K金圆珠形表冠，镶嵌凸圆形
蓝宝石；蓝宝石水晶镜面；银色和深灰色
表盘。剑形蓝钢指针。蓝宝石水晶透明
表背。直径：42毫米，厚度：14.2毫米。
棕色鳄鱼皮表带，18K玫瑰K金折叠表扣，
防水3巴（30米）。
卡地亚9907 MC型手动上链机械机芯，
带独立编号，含227个零件及35枚
红宝石轴承。直径：25.6毫米，厚度：
7.10毫米，摆轮振频：每小时28 800次，
动力储存约50小时。

W1555951

XI. 卡地亚 SANTOS 100镂空腕表及SANTOS-DUMONT镂空腕表：9611型机芯及9612 MC型机芯

Santos-Dumont碳镀层镂空腕表
Santos-Dumont 腕表

罗马数字形镂空表桥指示小时和分钟。
钛金属和ADLC碳镀层（类金刚石碳膜）
表壳。

黑色钛金属八角形表冠，镶嵌黑色多
切面合成尖晶石；蓝宝石水晶镜面；
罗马数字形镂空表桥。铑镀黄铜剑形
指针。蓝宝石水晶透明表背。尺寸：
38.7 x 47.4毫米，厚度：9.4毫米。
黑色鳄鱼皮表带，18K白K金和ADLC
碳镀层（类金刚石碳膜）折叠表扣，
防水3巴（30米）。
卡地亚9612 MC型手动上链机械机芯，
带独立编号，含138个零件及20枚
红宝石轴承。尺寸：28.6 x 28.6
毫米，厚度：3.97毫米，摆轮振频：
每小时28 800次，动力储存约72小时。

W2020052

Santos 100镂空腕表和Santos-Dumont镂空腕表
是卡地亚Santos腕表的最新表款。它的历史可
追溯至卡地亚最早期的腕表制作——于1904年
面世、为飞行先锋阿尔伯托·山度士·杜蒙
（Alberto Santos Dumont）设计的首枚Santos
原型腕表。

Santos 100镂空腕表和Santos-Dumont 碳镀层镂
空腕表搭载了两枚相似的机芯：9611型及9612
MC型机芯。9611 MC型机芯表面镀铑，而搭载
于Santos-Dumont 碳镀层镂空腕表的9612 MC型
机芯则以深灰色镀铑，并搭配钛金属和ADLC
碳镀层（类金刚石碳膜）磨砂表壳及黑色
钛金属表冠。

从制作之初，机芯夹板和表桥均设计成透雕
或镂空部件，让机芯的结构与众不同。事实上，
将这两款机芯形容为镂空机芯并不恰当，
因为一般镂空机芯是指在传统机芯上加以
修改。要制作透雕或镂空腕表，一般须于
传统腕表机芯的夹板、表桥或其它部件上
制作小洞，然后用锯去掉多余的物料，之后
将经镂空过程产生的全新表面进行打磨。
视乎原机芯的质量和镂空工艺水平，制成品的
外观可能精致迷人，但有时却会影响腕表的

易辩读性。此外，镂空腕表的设计特色最
终亦取决于机芯的设计，纵然机芯在设计
之初并非为镂空腕表而打造。

然而，9611型和9612 MC型机芯均非在传统
腕表机芯上进行而动，而是从制作之初便被
设计成"镂空"机芯，让设计者能够编排机芯
组件的布局和设计，务求达至最佳的效果。其
中，机芯夹板被切割成罗马数字形状，而机芯
本身亦成为腕表表盘。此外，固定于机芯夹板
的部件在设置上亦非常特别，例如两个主发条
盒及平衡摆轮（可提供72小时动力储存）便
组成了和谐悦目的结构。

为方便读取罗马数字时标，传统机芯配有大型
底板、将部件固定于小型表桥的结构亦需
改动。上下机芯夹板几乎完全相同，但下夹板
的中央的面积较大，以装置运转轮系的枢轴；
机芯部件则设于两块夹板之间，而镂空罗马
数字则是机芯的主要组成结构。

以这种工艺制成的腕表不仅有着极佳的透视
效果（这也是鉴赏家评鉴镂空时计的标准
之一），并较一般的镂空腕表更易于读时。
此外，腕表部件均独特设计并完美布局，务求

机芯夹板和表桥展现最佳的美学效果，同时镂空设计所产生的大量修饰表面（机芯设计不可或缺的工序）均以高级制表修饰工艺打造，例如精钢部件饰以直纹；组成机芯夹板的数字时标两侧边缘倒角及抛光；并将游丝的调节器制成呈卡地亚"C"字型的设计。

Santos-Dumont镂空腕表
Santos-Dumont腕表

罗马数字形镂空桥板指示小时和分钟。
18K白K金表壳。

18K白K金八角形表冠，镶嵌多切面
蓝宝石；蓝宝石水晶镜面；罗马数字
形镂空表桥。剑形蓝钢指针。蓝宝石
水晶透明表背。尺寸：38.7 x 47.4毫米，
厚度：9.4毫米。黑色鳄鱼皮表带，
18K白K金折叠表扣，防水3巴（30米）。
卡地亚9611 MC型手动上链机械机芯，
带独立编号，含138个零件及20枚
红宝石轴承。尺寸：28.6 x 28.6毫米，
厚度：3.97毫米，摆轮振频：
每小时28 800次，动力储存约72小时。

W2020033

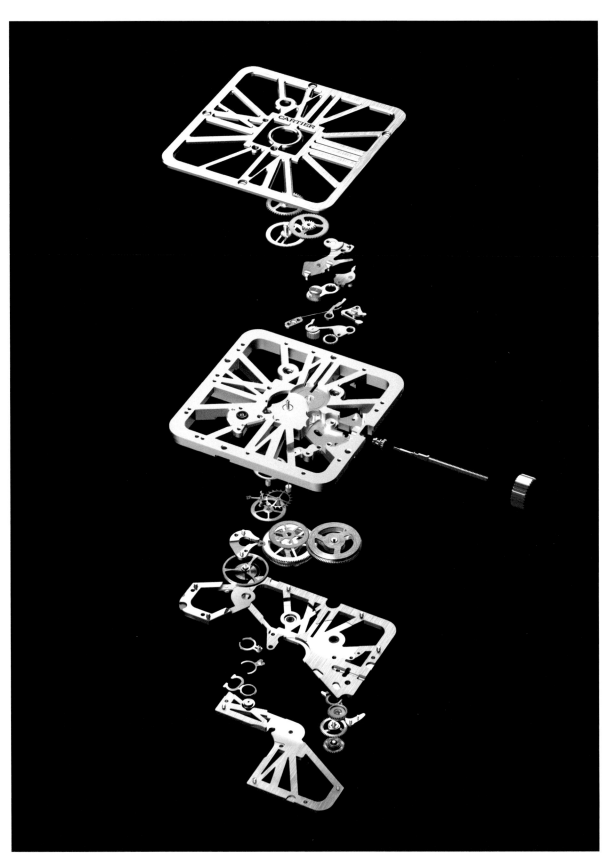

Santos 100镂空腕表
Santos 100 腕表

罗马数字形镂空桥板指示小时和分钟。
950/1000钯金表壳。

950/1000钯金八角形表冠，镶嵌多切面
蓝宝石；蓝宝石水晶镜面；罗马数字
形镂空表桥。剑形蓝钢指针。蓝宝石水
晶透明表背。尺寸：46.5 x 54.9毫米，
厚度：16.5毫米。黑色鳄鱼皮表带，
18K白K金表扣，外层扣片为950/1000
钯金材质，防水3巴（30米）。
卡地亚9611 MC型手动上链机械机芯，
带独立编号，含138个零件及20枚
红宝石轴承。尺寸：28.6 x 28.6
毫米，厚度：3.97毫米，摆轮振频：
每小时28 800次，动力储存约72小时。

W2020018

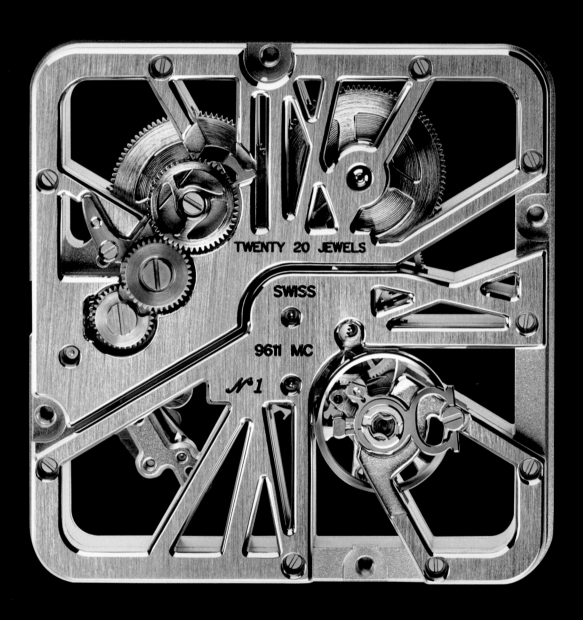

XII. *ROTONDE DE CARTIER*跳时腕表：
9905 MC型机芯

*Rotonde de Cartier*跳时腕表
Rotonde de Cartier 腕表

跳时功能，分钟指示由传动盘带动。
18K玫瑰K金表壳。

18K玫瑰K金圆珠形表冠，镶嵌凸圆形
蓝宝石；蓝宝石水晶镜面；深灰色电镀
雕纹表盘。蓝宝石水晶透明表背。直径：
42毫米，厚度：11.6毫米。棕色鳄鱼皮
表带，18K玫瑰K金折叠表扣，防水
3巴（30米）。卡地亚9905 MC型手动上
链机械机芯，带独立编号，含217个零件
及22枚红宝石轴承。直径：31.8毫米，
厚度：5.10毫米，摆轮振频：
每小时28 800次，动力储存约65小时。

W1553751

设计灵感源于1923年面世的经典卡地亚跳时
怀表，*Rotonde de Cartier*跳时腕表是品牌的
最新设计，再度见证卡地亚坚持打造非凡
典雅时计的悠久传统。

机械数字时间显示是卡地亚一项制表设计
传统。卡地亚早于1929年便制作出结合跳时
显示和分钟盘的腕表，并创作了另一款同时
装配标准时钟风格的中央分针和小秒盘
的设计。

纵观卡地亚的制表历史，品牌一直强调独特
设计与创新的时间显示方式，并同时着重
功能的完整性，以秉承品牌一贯的设计哲学。
因此，在设计复杂功能时，腕表基本功能的
完整性不应受到影响，务求精准。一如其它
复杂功能，跳时显示的难题在于为小时显示
盘的跳时功能提供所需动力的同时，维持擒纵
装置所需的足够扭矩，以确保精准报时。

跳时复杂功能一般由跳杆簧所固定的星形
轮驱动。小时显示盘设置于星形轮上，下一
小时开始时，腕表的运转轮系会驱动星形轮
运转。当它开始转动，星形轮角位的其中一
端将会移至跳杆簧的尖端，跳杆簧遂跌至
下一区，转盘则会向前跳转一小时。

虽然整个系统运作简单可靠，但它却有着一项
缺点。当小时跳转时，由于负载小时盘的星形
轮必需向前抗衡跳杆簧所产生的压力，故需要
从机芯撷取相当多的动力。这样可导致振频骤
降而影响腕表的准确度。为解决上述难题，
卡地亚便采用了配备双星形轮的系统。第一个
星形轮设置于机芯中央，并装载小时盘；而
第二个则由运转轮系驱动，继而推动第一个
星形轮。由于首个星形轮依靠第二个星形轮来
推进，因此小时盘的跳时推动力可分为两个
阶段，有助提升能量效益。一般传统跳时腕表
在小时跳转时，振幅可降低50 至60度，而
*Rotonde de Cartier*跳时腕表其振频仅会降低
30度。由此可见，这项复杂功能不但未影响
功能的完整性，更能够展现出卡地亚对制表
工艺的热情。

Rotonde de Cartier跳时腕表
Rotonde de Cartier 腕表

跳时功能，分钟指示由传动盘带动。
18K白K金表壳。

18K白K金圆珠形表冠，镶嵌凸圆形
蓝宝石；蓝宝石水晶镜面；深灰色电镀
雕纹表盘。蓝宝石水晶透明表背。直径：
42毫米，厚度：11.6毫米。黑色鳄鱼皮
表带，18K白K金折叠表扣，
防水3巴（30米）。
卡地亚9905 MC型手动上链机械机芯，
带独立编号，含217个零件及22枚
红宝石轴承。直径：31.8毫米，
厚度：5.10毫米，摆轮振频：每小时
28 800次，动力储存约65小时。

W1553851

Rotonde de Cartier跳时腕表
Rotonde de Cartier 腕表

跳时功能，分钟指示由传动盘带动。
18K玫瑰K金表壳。

18K玫瑰K金圆珠形表冠，镶嵌凸圆形
蓝宝石；蓝宝石水晶镜面；深灰色电镀
雕纹表盘。蓝宝石水晶透明表背。直径：
42毫米，厚度：11.6毫米。棕色鳄鱼皮
表带，18K玫瑰K金折叠表扣，
防水3巴（30米）。
卡地亚9905 MC型手动上链机械机芯，
带独立编号，含217个零件及22枚
红宝石轴承。直径：31.8毫米，
厚度：5.10毫米，摆轮振频：
每小时28 800次，动力储存约65小时。

W1553751

时间的未来：
*Cartier ID One*概念表

传统腕表机芯有如一部机器，同样会容易受到润滑油老化以及外在因素如撞击、地心引力、温度变化及磁力所影响。

物理影响不单会对主要的机芯零件造成直接的破坏，更会影响腕表的正常运作（即无法准确报时）。地心引力会影响擒纵部件，当中以游丝为甚。纵然现代合金能有效抵挡较弱的磁场，但近数十年来不少消费品均加入体积小但力度强的永久磁铁，故导致磁力的影响更为严重。此外，计算机及其它电子产品亦会产生磁场，长远而言将有碍准确计时。

温度变化亦会影响腕表的准确度。游丝的弹性会因相应的温度变化幅度而受到影响。虽然相较早期的普通精钢游丝，现代游丝合金带有更理想的温度补偿性能，然而温度变化问题依然存在。

最后，现代腕表亦会在经久使用后，因润滑油黏性发生变化而受到影响，特别是擒纵部件。装有杠杆擒纵系统的腕表中（基本上包括所有现代腕表），将运转轮系动力传送至擒纵装置的冲力表面必须涂上润滑油。当润滑油老化后，擒纵装置的动能亦会随之改变，因而影响腕表的速率。

理想的腕表应不受撞击、温度及磁力等外在因素所影响，并且无需于主要的冲力表面涂上润滑油（并应尽力避免为整个装置上油的工序）。这样，腕表在运作期间便无需再作调节——这可谓制表技术发展的一大目标。如果可以的话，此腕表亦

卡地亚首枚"概念表*"展现了卡地亚
腕表工作坊研发部门高度创新性的
研究成果。

应装配极为精准的零件，在组装初期无需校准或调节，因为用以制造腕表的材质及方法本身已能确保腕表的准确度。

卡地亚于2009年呈献一枚机械腕表，为确保频率的长期稳定性提出实际的解决方法，这意味着无须调节的腕表梦想终可成真。此款名为*Cartier ID One*的概念表，融合了多项材质与创新设计。

其一为采用名为"碳晶"的材质，来制造众多擒纵装置和运转轮系的部件，特别是运转轮、平衡摆轮、擒纵轮及杠杆。这些组件经"化学气相沉积技术"（CVD）处理后，其晶体结构便会与钻石相同，而组件亦涂覆耐磨性极佳的纳米结晶化合物。碳晶不受磁力影响，而运转轮系的所有摩擦点均以碳晶制成或涂覆ADLC碳镀层（类金刚石碳膜），因此无需使用润滑油。由于棘爪叉和擒纵轮均以碳晶制成，故此主要的冲力表面均无需用上润滑油，从而解决了因润滑油黏性改变而导致频率不稳定的问题。

另一种创新物质便是用于打造表壳的特制铌钛合金。铌钛合金非常耐磨，不单质地坚硬，在擦刮时亦只会产生滑动效果，而非"挖刨"效果，从而减少物料的替换。由于外露金属几乎瞬间氧化成原来表面的颜色，故此所有刮痕均不着痕迹。铌钛合金亦可吸收机械冲击的能量，而不会将之传送至机芯。*Cartier ID One*已证实可抵挡高达4500克的力量，远高于腕表"抗震功能"所规定的3000克。

最后，*Cartier ID One*的游丝是由一种名为Zerodur®[1] 玻璃陶瓷混合物制作而成。Zerodur®原本用于制造天文望远镜的镜头；在热应力下，其高稳定性有助天文望远镜制作出清晰的照片。由于Zerodur®为玻璃陶瓷混合物，故不受磁力影响，是制作游丝的理想物料。以Zerodur®制作游丝是一项非常艰巨的技术挑战，因其较高的直壁和形状复杂的发条使其必须采用较新的制作技术——深反应离子蚀刻（DRIE）。这项技术可制作出高且光滑的直壁微型结构（此制作技术源于微机电系统（MEMS））。因此，Zerodur®游丝将不受温度或磁场变化影响，其末端曲线的特别形状亦有助降低因地心引力所导致的变异率。

*Cartier ID One*的部件采用了极致精确的制作技术，从腕表组装到及后的操作，均无须再作调节。

为进一步加强其抗震力，*Cartier ID One*的擒纵部件均镶嵌于两个碳晶表桥之间，并由安装于弹性静音块的钛金属柱固定。

卡地亚*Cartier ID One*带来一系列解决最基本制表难题的新方法。这项设计既不受磁力影响，并同时拥有超卓的抗震功能，免却润滑油耗损所导致频率不稳的问题，更可长时间维持准确计时，为精密制表技术奠下崭新标准。凭借卡地亚*Cartier ID One*，品牌最终实现多个世纪以来制作出免调试腕表的梦想。同时，卡地亚亦将瞩目的美学设计与卓越性能融为一体，展现品牌致力带领腕表艺术及科学发展的决心。

[1] Zerodur® 为注册商标，非卡地亚所有。

*概念表将不会公开发售

时间艺术

吉冈德仁

在时间领域，卡地亚对美的追求永无止境。卡地亚为时间倾注完美和谐和精湛工艺，将其幻化成一门艺术。

时间
时间，犹如光、风、气味和空气，我们看不穿亦无法捕捉，但其动人节奏却每天伴随我们的生活。

身处如今的物质世界，时间仍有其价值。
其中最珍贵的是经验。
经验随时间而丰富，亦是我们成长的基础。
每段回忆都在心中埋下种子，随岁月长河而行。

钟表文化应运而生。
历史长河中，钟表的诞生可谓革命性的突破。随着技术和设计的发展，钟表不再仅仅是测量时间的工具，更是美学价值的体现。
腕表彰显个人特色。我们对时间的感知随佩戴的腕表而嬗变。
日复一日，这个置于手腕上的小宇宙迸发出梦幻多彩的世界。

在这个机械主导的年代，只有精工细致的手工艺，
方能为钟表注入优雅非凡的艺术元素。
克服困难，实现可能：工匠的娴熟技艺为我们的梦想带来灵感和目标。
实现梦想虽荆棘满途，却是充实美满。

日本设计师吉冈德仁策划的展览

卡地亚工匠打造的奇迹。
机芯的跳动为钟表注入生命力。

引人入胜的美。
生命的旋律由心而奏。钟表之内强有力的跳动节拍，激发无穷灵感。
卡地亚的前卫理念、悠久历史，以及自由创意，瞬间得以升华。

经典时计：探索精神和无穷创意的结晶。

为征服蓝天的飞行员山度士·杜蒙（*Santos-Dumont*）创作的Santos
Dumont腕表。
此款腕表燃起了年轻飞行员冲上云霄的决心，更激励今天的我们朝着
理想进发。
廓型流畅的*Tonneau*腕表。佩戴于手腕上呈现的曲线，使人联想起工匠的
巧手。

*Tank*腕表完美展现出对未来的冀盼和渴望和平的心愿。
它反映着我们的心声，引发共鸣。

美轮美奂的神秘钟。不仅是显示时间的装置，更是赏心悦目的艺术杰作。
年轻钟表匠的创作热诚，犹如灯塔般耀闪耀夺目。

经典时计的指针依旧无声地摆动，而蕴含其中的奥秘已流传至今天的
制表杰作中。

肌肤感受着镂空机芯的跳动。

正如植物在自然法则下和谐生长，我们深谙钟表亦是诞生于必然。

卡地亚继续致力于创建美好未来。
先进的科技赋予*Cartier ID One*概念腕表永恒的生命力。仿若在教堂
思忖壁画一样，让你由心而发感受那磅礴和永恒。

源远流长的历史，前卫创见的未来。
卡地亚别具一格的美学，源于这两大极端的融和。
展区内将播放讲述钟表构造的3D影片，定能令参观者留下深刻印象。
希望此次展览能让大家体验到卡地亚的生命力。

日本设计师吉冈德仁策划的展览

年表

1847年
28岁的路易·弗朗索瓦·卡地亚（Louis François Cartier）接管其师父阿道夫·皮卡尔（Adolphe Picard）位于巴黎蒙道格尔街29号的珠宝工坊。卡地亚就此诞生。

1853年
卡地亚开始于Neuve-des-Petits-Champs 5号的店内向零售顾客直接销售。开始采用铂金。品牌开始发售女装吊坠、胸针及腰链表。

1871至1873年
卡地亚在巴黎公社（Commune de Paris）革命爆发后，暂时迁往伦敦。品牌开始生产戒指錶。

1888年
卡地亚推出三款镶嵌珠宝并搭配金表链的腕表，正式开始腕表制作。

1899年
卡地亚迁往和平大街13号。向美国金融家约翰·皮尔彭特·摩根（John Pierpont Morgan）售出一枚镶嵌钻石的铂金腕表。

1904年
路易·卡地亚为其好友巴西飞行员阿尔伯托·山度士·杜蒙（Alberto Santos Dumont）制造了一款配有皮表带的腕表。

1906年
首枚*Tonneau*酒桶形腕表面世，备有黄金及铂金款式。卡地亚开始在腕表表冠上镶嵌凸圆形宝石，及后更便成为卡地亚腕表的特色。
卡地亚推出首枚圆形腕表，其中表耳及表冠均饰以凸圆形宝石。

1907至1908年
首枚可延展表链的腕表面世。卡地亚于圣彼得堡的Hotel d'Europe首度举办销售展览会。会上展出多件珍品，包括三十五枚钟表，部分售予尤索波夫王子（Prince Yusupov）。

1908年
推出铂金方形链坠表，引入方形钟表设计。

1910年
于1909年提交的折叠表扣专利申请获得批准。首枚男性方形腕表面世。

1911年
推出*Santos*腕表。Maurice Coüet成为卡地亚钟表专用供应商。

1912年
创作*Tortue*龟形腕表。首款"彗星"（Comet）时钟面世。卡地亚首座"Model A"神秘钟上市。椭圆形腕表首度亮相。

1913年
一款配中央表耳及云纹绢丝表带的腕表面世。

1914年
推出首枚装饰"猎豹花纹"图案、缟玛瑙及铺镶钻石的女装圆形腕表，品牌经典"猎豹"图案由此开始运用在腕表上。

1917年
设计出第一枚*Tank*腕表。

1919年
*Tank*腕表上市。

1920年
推出搭配阿拉伯和波斯装饰图案的座钟，
以及首座中轴神秘钟。

1921年
开发出*Tank Cintrée*腕表。

1922年
首枚*Tank Allongée*、*Tank Chinoise*及*Tank LC*
腕表（纪念路易·卡地亚）面世。

1922至1931年
卡地亚创作一系列共十二款、饰以人物或动物
图案的珍贵神秘钟；其中四款被纳入卡地亚
典藏系列。

1923年
首枚子弹形（*obus*）表耳的腕表面世。

1923至1925年
卡地亚创作一系列共六款的"庙门"（Portique）
神秘钟。

1925年
卡地亚与一众著名时装设计师参加于巴黎*Pavillon de
l'Élégance*举行的装饰艺术展（国际现代工业与装饰
艺术展），展出多达十五款卡地亚时计作品。
首款镶嵌多种宝石的*Tutti Frutti*（水果锦囊）的手链
面世。推出一枚镶嵌136克拉雕刻祖母绿的链坠表。

1926年
卡地亚为一枚可翻转腕表申请专利。

1927年
为高尔夫球手设计一款搭配长方形表盖的金表，
表盖内藏有记分卡及小铅笔。设计出Column
立柱式地心引力时钟。

1927至1930年
研制出三款搭载磁力驱动机芯的时钟。

1928年
推出*Tank à guichets*腕表、*Tortue*单钮计时码表，
以及一枚配有打火机的腕表。

1929年
体积细小的*Jaeger101*型机芯面世。

1931年
卡地亚制作首枚防水腕表："*Tank Étanche*"。
配备八日动力储存机芯的*Tank*腕表面世。
608型面世。

1932年
研发出名为"*Tank Basculante*"的可翻转腕表。

1933年
卡地亚为表带中央配件申请专利，及后定名为
"Vendôme"。品牌亦为袖扣钟表装置申请专利。
佩戴于手腕侧边的长方弧形金质表链腕表继面世。

1934年
路易·卡地亚于布达佩斯提交电子表的专利申请。

1935年

首创弹性"煤气管"（*tuyau à gaz*）金质表链。

1936年

设计首枚菱形腕表，后定名为*Tank Asymétrique*
不对称腕表。

1938年

创制世界上最小的腕表，搭载*Jaeger* 101型
机芯并镌刻卡地亚标志，赠予英国伊丽莎白公主。

1943年

创制配有保护格栅的圆形防水腕表，成为日后
*Pasha*系列的灵感来源。推出"涡轮"（Turbine）
怀表。

1946年

创制船舵形（*gouvernail*）腕表。

1956年

推出椭圆弧形腕表，后定名为*Baignoire* 腕表。

1967至1973年

*Crash*腕表于1967年面世。为迎合"摇摆伦敦"时期
（Swinging London）的朝气与活力，卡地亚创作出
多款设计，包括 "Maxi Oval" 腕表、菱形表盘的
"Pebble" 腕表，以及配有双表带的腕表等表款。

1973年

推出享誉全球的*Must de Cartier*系列。路易·卡地亚
系列面世，展示多枚搭载机械机芯的金质腕表。
卡地亚于拍卖会上投得一座1923年"庙门"
（Portique）神秘钟，并被纳入卡地亚典藏系列。

1977年

首个枚带有*Must de Cartier*字样的*Tank*银镀金
腕表系列面世。

1978年

搭配金质与精钢表链的*Santos de Cartier*腕表面世。

1983年

见证品牌历史和艺术工艺发展的卡地亚典藏系列
成立。创作出*Panthère de Cartier* 猎豹腕表。

1985年

推出*Pasha de Cartier* 腕表。

1989年

推出*Tank Américaine*腕表。

1996年

*Tank Française*腕表面世。

1997年

为庆祝150周年纪念，卡地亚以其最著名的设计
为基础，制作出一系列限量版腕表。

1999年

创立巴黎卡地亚私人珍藏系列（Cartier Paris Private
Collection），精选一系列搭载自制机芯的非凡
腕表，部分更配备复杂功能。收藏了*Tank*、*Tortue*及
*Tonneau*等多个卡地亚经典设计表款。

2001年

位于拉夏德芳的卡地亚腕表工作坊成立。
推出*Roadster*腕表。

2004年

创作*Santos 100*、*Santos-Dumont*及*Santos Demoiselle*
腕表，以庆祝*Santos de Cartier*系列100周年纪念。

2006年

推出*La Doña de Cartier*腕表。

2007年

推出*Ballon Bleu de Cartier*腕表。

2008年

推出卡地亚高级制表系列，系列内收藏了*Ballon
Bleu de Cartier*陀飞轮腕表，此款腕表搭载首枚获
日内瓦优质印记的机芯（9452 MC型机芯）。

2009年

推出*Santos 100*镂空钯金腕表。

2010年

*Astrotourbillon*天体运转式陀飞轮机芯及*Calibre
de Cartier*卡历博腕表面世。

2011年

推出*Astrorégulateur* 天体恒定重心装置机芯。

参考文献

1. Cartier

GAUTIER, Gilberte
Rue de la Paix. Julliard, 巴黎 1980

NADELHOFFER, Hans
Cartier. Éditions du Regard, 巴黎 1984
Cartier, Jewelers Extraordinary. Thames & Hudson, 伦敦 1984
Cartier, Jewelers Extraordinary. Harry N. Abrams, Inc Publishers, 纽约 1984
Cartier. Longanesi, 米兰 1984
Cartier. Bijutsu Shuppan Sha Co, Ltd., 东京 1984
Cartier – Juwelier der Könige, Könige der Juweliere. Schuler Verlagsgesellschaft, Herrsching am Ammersee 德国 1984

GAUTIER, Gilberte
La Saga des Cartier 1847-1988. Michel Lafon, 巴黎 1988 (*Rue de la Paix*的更新版)
Cartier the Legend. Arlington Books Ltd, 伦敦 1988
La Saga dei Cartier. Sperling & Kupfer Editori, 米兰 1988

BARRACA, Jader, NEGRETTI, Giampiero, NENCINI, Franco
Le Temps de Cartier. Wrist International S.r.l, 巴黎 1989
Le Temps de Cartier. 第一版, Wrist International S.r.l., 米兰 1989

COLOGNI, Franco, MOCCHETTI, Ettore
L'Objet Cartier : 150 ans de tradition et d'innovation. La Bibliothèque des Arts, 巴黎, 洛桑 1992
L'oggetto Cartier : 150 anni di tradizione e innovazione. Giorgio Mondadori, 米兰 1993
Made by Cartier: 150 Years of Tradition and Innovation. Abbeville Press, 纽约 1993
Creador por Cartier : 150 años de tradición y inovación. Giorgio Mondadori, 米兰 1993

BARRACA, Jader, NEGRETTI, Giampiero, NENCINI, Franco
Le Temps de Cartier. Publi Prom, 米兰 1993 (第二版)
Le Temps de Cartier. Wrist International S.r.l., 米兰 1993 (英语版)

COLOGNI, Franco, NUSSBAUM, Eric
Cartier. Le joaillier du platine. La Bibliothèque des Arts, 巴黎，洛桑 1995
Platinum by Cartier. The Triumphs of the Jewelers' Art. Harry N. Abrams, Inc., Publishers, 纽约 1995
Cartier. Meisterwerke aus Platin. Bruckman Verlag, Herrsching am Ammersee, 1995
Cartier. L'arte del platino. Editoriale Giorgio Mondadori, 米兰 1995
Cartier. Le joaillier du platine. Edicom, 东京 1995

TRETIACK, Philippe
Cartier. Éditions Assouline, coll. "La mémoire des marques", 巴黎 1996
Cartier. Thames & Hudson, 伦敦 1996
Cartier. Universe Publishing / The Vendome Press, 纽约 1997
Cartier. Schirmer / Mosel, 莫斯科 1997
Cartier. Korinsha Press, 京都 1997

COLOGNI, Franco
Cartier. La montre Tank. Flammarion, 巴黎 1998
Cartier. The Tank watch. Flammarion, 巴黎 1998
Cartier. Die Tank Uhr. Flammarion, 巴黎 1998
Cartier. L'Orologio Tank. Flammarion, 巴黎 1998
Cartier. El Reloj Tank. Flammarion, 巴黎 1998
Cartier. La montre Tank. Flammarion, 巴黎 1998
(日语及中文版)

CHAILLE, François
Cartier : Styles et stylos. Flammarion, 巴黎 2000
Creative Writing. Flammarion, 巴黎 2000
Le Penne di Cartier. Flammarion, 巴黎 2000

CLAIS, Anne-Marie
Les Must de Cartier. Éditions Assouline, 巴黎 2002
Les Must de Cartier. Éditions Assouline, 巴黎 2002
(英语、意大利语及日语版)

ALVAREZ, José
Cartier l'Album. Éditions du Regard, 巴黎 2003

**COLOGNI, Franco, NUSSBAUM, Eric,
CHAILLE, François**
*La Collection Cartier. Tome 1. La Joaillerie,
The Cartier Collection. Tome 1. Jewelry*. Flammarion,
巴黎 2004

COLOGNI, Franco, CHAILLE, François
*La Collection Cartier. Tome 2. L'Horlogerie
The Cartier Collection. Tome 2. Timepieces*.
Flammarion, 巴黎 2006

NADELHOFFER, Hans
Cartier. Éditions du Regard, 巴黎 2007 (法语版)
Cartier. Thames & Hudson, 伦敦 2007 (英语版)
Cartier. Chronicle Books, 纽约 2007 (美国版)
Cartier. Federico Motta Editore, 米兰 2007 (意大利语版)

COLENO, Nadine
Étourdissant Cartier, la création depuis 1937. Éditions
du Regard, 巴黎 2008 (法语版)
Amazing Cartier, creations since 1937. Flammarion,
巴黎 2008 (英语版)

WEBER, Bruce
Cartier I love you.由Ingrid Saschyzhang撰写、teNeues,
Kempen 2009 (英语版)
*La Haute Joaillerie par Cartier / High Jewelry by
Cartier*. Flammarion, 巴黎 2009 (法语及英语版)
*Haute Joaillerie et objets précieux par Cartier / High
Jewelry and Precious Objects by Cartier*. Flammarion,
巴黎 2010 (法语及英语版)

2. 卡地亚典藏展览目录

NADELHOFFER, Hans
*Retrospective Louis Cartier : One Hundred and One
Years of the Jeweler's Art*. Cartier Inc., 纽约 1976
*Retrospective Louis Cartier : One Hundred and One
Years of the Jeweler's Art*. (County Museum, 洛杉矶),
Cartier Inc., 洛杉矶 1982

**BUROLLET, Thérèse, CHAZAL, Yves,
PIVER-SOYEZ, Sylvie-Jan**
L'Art de Cartier. Musée du Petit Palais, 巴黎;
Accademia Valentino, 罗马. Paris-Musées, 巴黎 1989
L'arte di Cartier. Muse, Bologna 1989 (意大利语版)
The Art of Cartier. Paris-Musées, 巴黎 1989 (英语版)

CHAZAL, Yves, SOUSLOV, V.
L'Art de Cartier. State Ermitage Museum圣彼德堡,
Les Éditions du Mécène, 巴黎1992

PERRIN, Alain Dominique, NUSSBAUM, Eric,
CHAZAL, Martine, UNNO, Hiroshi,
TAKANAMI, Machiko
L'Art de Cartier. Metropolitan Teien Art Museum, 东京,
Nihon Keizai Shimbun, Inc., 东京 1995 (英-日版)

DAULTE, François, NUSSBAUM, Eric
Cartier, Splendeurs de la joaillerie. Fondation
de l'Hermitage, Bibliothèque des Arts, 洛桑 1996

RUDOE, Judy
Cartier 1900-1939. The Metropolitan Museum of Art
– 纽约, British Museum – 伦敦 1997; 及于 Field
Museum – 芝加哥 1999-2000; The British Museum
Press, 伦敦 1997; N. Abrams Inc.Publishers,
The Metropolitan Museum of Art, 纽约 1997

TOVAL, Rafael, ESTRADA, Geraldo,
NUSSBAUM, Eric, MONSIVAIS, Carlos,
ARTEAGA, Agustin, ALFARO, Alfonso
El Arte de Cartier - Resplandor del Tiempo. Instituto
Nacional de Bellas Artes, 莫斯科城. Americo Arte
Editores, 莫斯科城 1999

COLOGNI, Franco, SOTTSASS, Ettore,
JOUSSET, Marie-Laure, NUSSBAUM, Eric,
KRIES, Mateo, VON VEGESACK, Alexander,
JAIS, Betty, KARACHI, Jacqueline
Cartier Design – Eine Inszenierung von Ettore Sottsass.
Vitra Design Museum 柏林. Skira, 米兰 2002
Il design Cartier visto da Ettore Sottsass. Palazzo Reale,
米兰, Skira, 米兰 2002
Cartier Design Viewed by Ettore Sottsass. 京都, 休士顿
2004, Skira, 米兰 2004

VON HABSBURG, Geza
Fabergé-Cartier. Rivalen am Zarenhof. Kunsthalle der
Hypo-Kulturstiftung, 慕尼克. Hirmer Verlag, 慕尼克
2003

COLOGNI, Franco, FORNAS, Bernard, XING Xiaozhou,
CHEN, Xiejun, BAO, Yanli
The Art of Cartier. Shanghai Museum. The Shanghai
Museum, 上海 2004

FORNAS, Bernard, LEE Chor Lin
The Art of Cartier. National Museum of Singapore.
The National Museum of Singapore, 新加坡 2006

FORNAS, Bernard, VILAR, Emilio Rui, CASTEL-
BRANCO PEREIRA, João, VASSALO E SILVA, Nuno,
PASSOS LEITE, Maria Fernanda, RAINERO, Pierre,
RUDOE, Judy, REMY, Côme, COUDERT, Thierry
Cartier, 1899-1949. The journey of a style. Calouste
Gulbenkian Foundation 里斯本, Skira, 米兰 2007
Cartier, 1899-1949. Le parcours d'un style. Skira,
米兰 2007
Cartier, 1899-1949. O percurso de um estilo. Skira,
米兰 2007
Cartier, 1899-1949. El recorrido por un estilo. Skira,
米兰 2007

FORNAS, Bernard, GAGARINA, Elena,
ALIAGA, Michel, CHAILLE, François,
MARIN, Sophie, MILHAUD, Pascale,
PESHEKHONOVA, Larissa, RAINERO, Pierre
Cartier, innovation through the 20th century.
Moscow Kremlin Museums, Flammarion, 巴黎 2007
(英语及俄语版)

FORNAS, Bernard, KIM, Youn Soo, LIU, Jienne,
RAINERO, Pierre, MILHAUD, Pascale
The Art of Cartier. National Museum of Art,
Deoksugung Seoul, National Museum of Contemporary
Art, 首爾 2008 (英语及韩语版)

NIKKEI & TNM, FAURE, Philippe,
FORNAS, Bernard, TOKUJIN, Yoshioka,
RAINERO, Pierre, LAURENT, Mathilde, MAEDA, Mari
Story of... Memories of Cartier creations. Tokyo National
Museum. Nikkei Inc., 东京2009 (英语及日语版)

FORNAS, Bernard, ZHENG, Xin Miao, SONG,
Haiyang, RAINERO, Pierre
Cartier Treasures. King of Jewellers, Jewellers to Kings.
Palace Museum, Beijing. The Forbidden City Publishing
House, 北京 2009 (英语及中文版)

FORNAS, Bernard, BUCHANAN, John E. Jr,
CHAPMAN, Martin
Cartier and America. Fine Arts Museums, San
Francisco. Fine Arts Museums San Francisco,
DelMonico Books, 纽约 2009 (英语版)

KLAUSOVÀ, Livia, FORNAS, Bernard,
EISLER, Eva, LEPEU, Pascale
Cartier at Prague Castle – the Power of Style. Riding
School of the Prague Castle. Flammarion, 巴黎 2010
(英语版及捷克语版)

3. 非商业出版物

Cartier New York, Éditions Assouline, 巴黎 2001

Cartier London, Éditions Assouline, 巴黎 2002

Cartier et la Russie, Éditions Assouline, 巴黎 2003

Cartier 13 rue de la Paix, Éditions Assouline,
巴黎 2005

封面
9452 MC型机芯符合日内瓦优质印记制定的
十二项标准。
此印记就钟表的产地、设计规范及其机芯的
优秀生产质量作出保证。

设计
Marcello Francone

编辑统筹
Emma Cavazzini
Vincenza Russo

校订
白桦，Scriptum公司，罗马

版面
Alessandra Gallo 及 Mario Curti，
Scriptum公司，罗马

翻译
Datawords 多语种翻译数位制作公司，法国
圣图安

本书第一与第三章节的所有图片均由Laziz
Hamani (Laziz Hamani © Cartier) 拍摄，
以下页面除外：

9/29/30: Philippe Gontier © Cartier
14: Olivier Ziegler © Cartier
19/32/40/41/246-247/249/250/253:
©joelvonallmen.com
42-43: © Poinçon de Genève, Cartier
44/45/156/157/186/188/197/198/220-
221/225（上）/228/229/237/238/239:
Franck Dieleman © Cartier
142-143/216/219: Modélisation 3D : C4
design Studio/Cédric Vaucher©Cartier 2011
154/193/196/199/227: Studio Triple V ©
Cartier
172/173/174/192/204/226//235/244/245:
Photo 2000 © Cartier
205: Vincent Wulveryck © Cartier
225（下）/236: Réalisation image 3D: Pierre
Lemaux © Cartier
254 及 257: Tokujin Yoshioka Design ©
Tokujin Yoshioka / Cartier

本书第二章节的所有图片均由Nick Welsh
拍摄，以下页面除外：

49/50/87/94: Nick Welsh, Nils Herrmann ©
Flammarion / Cartier
51/52/57/58/60/64/66/67/71/73/77/95/105/
111/114 左边/120/122/126 right/129
right/130 右边/131: 卡地亚档案 © Cartier
62: © MGM/Collection/Sunset Boulevard
63 右边: © United Artists Associated / Sunset
Boulevard
69/78: © Studio Harcourt - Ministère de la
Culture
70: © Rue des Archives
74: © Collection Harlingue / Roger-Viollet
79: © Arnold Newman/Getty Images
80: © Murray Garett /Archive Photo/Getty
Images
83: © Rue des Archives / BCA
97: © Collection F.Driggs / Magnum Photos

2011 年意大利首次出版
Skira Editore 股份有限公司
Palazzo Casati Stampa
via Torino 61
20123 Milano
Italy
www.skira.net

Copyright © 2011 Cartier
此版本
由 Skira editore 出版
版权所有

意大利印刷及装订。初版

Cartier: 978-88-572-1192-3
Skira: 978-88-572-1183-1

Thames and Hudson Ltd. 发行
181A High Holborn,
London WC1V 7QX,
United Kingdom.

所有以斜体标示的卡地亚钟表型号名称，
均属卡地亚拥有的注册商标。